致 Tristé。

永誌不忘。

毋庸置疑，你為我指引明路！

XOXO

致謝

多年前，我在一場慈善高爾夫球錦標賽中遇見這位和藹可親、愛閒聊，還是一位優秀運動員的男士。就像這些名人社交活動中所發生的典型事件，我們相談甚歡，同時他給了我名片，並告訴我，如果我需要什麼就來找他。我低頭看向名片，發現他是聖馬丁出版社的營運長。我覺得這件事頗令人啼笑皆非，因為當時我的著作正由另一家大型公司出版。

幾年後，我的一本書遭到依照雙書合約已出版第一本書的公司拒絕。我走投無路，但我確實有一本關於飲食書的想法，這想法源自我在電視節目名人健身俱樂部的工作。不幸的是，那個主意也遭到幾家主要出版商拒絕，在沒有其他選擇的情況下，我陷入有點進退兩難的窘境。我已經花光了之前書籍的所有預收款和版權費，而當時我其他的收入來源只能算是微薄。我的兄弟試著說服我自行出版那本已經被拒絕的飲食書。我猶豫不決，因為我認為自行出版不如交給大公司出版。我那非常激勵人心且令人信服的兄弟，最終說服我接受他的觀點出版了那本書。書名是《粉碎脂肪飲食法》。結果從我的網站售出的書如此之多，以致於我出現在 The View 節目上的一個小時內，網站發生當機。這本曾被拒收、而且在我兄弟位於紐約的一間小服裝設計展售間內構思完成的小書，帶來快速而龐大的訂購量，我簡直無法處理。用「粗製濫造」來形容這本書的創作過程和最終產物已經算很客氣了。

接著我想起了在高爾夫球錦標賽中遇見的友好男士。我找出他的名片、致電給他，並告訴他我需要幫助。我需要一位大出版商接手、並以大出版社的方式出版這本書。當然，他同意讓我會見他手下一位高水準的編輯，並看看她是否有興趣買下這本書進行「再出版」。這本小書我只銷售了一個月的時間。編輯與我在那位男士的辦公室會面，在聽到銷售數字的當下，當場同意買下這本書。聖馬丁出版社接手，並為它潤色增光後推到市場上，這本書立刻登上紐約時報暢銷書排行榜第一名，而且保持這個名次數個月之久。

本書改變了我的生命，從字面意義和象徵意義方面來說皆是。那位和藹、有趣、健談的男士絕對在促成這件事情上幫了相當大的忙。他是出現在灰暗天空中的天使。我永遠對他感激不盡。從那以後他進入半退休狀態，但他為我生命和事業所帶來的影響，至今依舊深刻，就如同當時我坐在他辦公室裡、尋求一條救生索時一樣。他的名字是史帝夫‧科恩。我愛他如愛自己的手足，即使他是一個糟糕的高爾夫球手，而我總是在球場上贏他的錢（嗯，大部分時間啦！）

目錄

第三章　植物計點系統・48

第四章　吃素潮計畫——5 日熱身期・56

第五章　吃素潮計畫——第 1 週・65

第六章　吃素潮計畫——第 2 週・79

第七章　吃素潮計畫——第 3 週 · 93

第八章　吃素潮計畫——第 4 週 · 109

第九章　富含植物力量的食譜 · 126

作者的話

雜食性動物 vs 素食主義者

這大概是我所寫過最涉及個人的健康書了。我這輩子都是個快樂的雜食性動物，我喜歡捲心菜和地瓜的程度，和我喜歡吃牛排與多汁的漢堡一樣。我喜愛肉類的風味和質感，而再也無法食用蜜汁鮭魚或是燒烤牛小排的念頭讓我瑟瑟發抖。然而，當我年歲漸增，我發覺我的身體對大量動物性食物的餐點產生截然不同的反應。這樣的餐點似乎會在我的消化道中停留更長的時間，而且我感覺比記憶中較年輕的時候更萎靡不振。

與我關係密切的人當中有純素主義者、素食者主義、魚素主義者，還有幾乎所有你能想像的「某食主義者」，不過我仍然繼續快樂自信地走在植物界和動物界兩者中，適量食用任何我想吃的東西上。我從來不是會用牛排當早餐，或把漢堡高度堆疊到必須把嘴巴張大至傷害下巴關節才能食用的人。我在想吃肉時就吃，如果它不在晚餐菜單上，我也不會貪求或感到不滿。有鑒於我這輩子都是個健身愛好者，而且持續在健身房進行大量舉重鍛鍊，在很長一段時間中也確信，我需要動物性蛋白質來建構與維持更大塊和更強壯的肌肉。接著發生了一件事。一則即時新聞通知出現在我的手機上，讓我注意到一篇文章，是關於健身運動者和耐力佳的運動員放棄紅肉成為植物性飲食者，而且他們的肌肉大小或強壯程度並未衰減。事實上，他們談到隨著全新飲食方式，他們的精力水準獲得提高，並且帶來身心健康的感受。

我做了一件每當我感興趣時都會做的事——研究和學習，並且鑽研探究事實和其他人的經驗之談。我意識到，這種植物性飲食會是我想要嘗試的東西。不會再有每天早上的培根和一週兩次的牛排。我會慢慢地減少紅肉的消耗、增加水果和蔬菜的攝取，而且在我有吃肉的慾望時，食用更多的瘦雞肉和魚。我必須老實告訴你，一開始確實需要適應調整。我發現自己需要避開食品雜貨店的肉品區，過去那裡總是我在農產品區之後第二個停留的區域。我開始購買沒有培根的鬆餅，並且選擇雞肉三明治，而不是正在呼喚我的漢堡。我沒有告訴任何人我正在進行的事情；我只是安靜地、沒有大肆聲張地改變我的飲食習慣，心裡記下有多少次坐下吃飯時，沒有吃任何紅肉或禽肉，並在我能堅持整個星期不吃一份牛排或一個漢堡的情況下，為自己感到自豪。

結果立竿見影。我覺得更加輕盈、更加精力充沛，而且更活在當下。我的舉重訓練並未因這個新的飲食改變而變差，而且我開始嘗試過去從未引起我注意的全新食譜與餐點組合，但我很快地開始明白，這麼多年來我欠缺的是什麼。我不是純素主義者或素食主義者，但我也不再和過去一樣，是個大量吃肉的食客。我已經發現，食用更多植物性食物不僅讓我感覺更好，還讓我省下大筆金錢，同時給予我在全球各地不同餐廳外食時更大的彈性。因為肉類不再是必需品，我總是能在菜單上發現一些可以吃的食物。你也可以輕鬆地過渡到植物性飲食，同時你不僅能體驗植物貨真價實的轉化力量，還能在轉換飲食的同時，對拯救地球做出貢獻和協助。《28 天吃素潮計畫》一書能帶給你如諺語所說的「一石二鳥」功效——好吧，或許該換成一石兩顆捲心菜！

醫學博士　伊恩・K・史密斯

2022 年 4 月

Chapter 1

改變生命的植物力量

THE LIFE-CHANGING POWER OF PLANTS

讓我從這裡開始，我要說明這本書並非試圖說服你成為純素主義者或素食主義者。我不是兩者當中的任何一類，但我對那些決定這就是他們想要的飲食和生活方式的人絕對沒有意見。我喜愛並食用所有種類的食物，而且我對這麼做一點罪惡感也沒有。然而這些年來我學到的是，我應該重新思考並評估，那些我攝取的特定食品、食物原料，飲料以及食用這些食物的比例等。是的，因為我相信，我們的飲食，還有我們如何對待自己的身體，應該要不斷地進化。我一直能夠理解並尊重植物的力量，但將它們的潛能應用在我的日常營養體系方面，我一直是落後的——直到現在。

事實上，這可以追溯到我們的童年時期。我們在人生的某個時刻都曾由雙親之一或老師的口中聽到：「你一定要把水果和蔬菜吃掉。」這個指令不只是另一個來自成長過程中的老生常談，它相當於數個世紀的科學研究與觀察，長期以來，這些研究和觀察解釋了植物對我們整個身體、包括心理和人生展望方面所帶來奇妙且影響深遠的力量。

簡單來說，植物在預防和治療許多疾病方面有著協助的作用，而且植物不僅能讓我們的壽命增加，還能提升我們的生活品質。除此之外，食用較多植物性食物的人發生肥胖、心臟疾病、膽固醇含量及癌症的比例往往較低。研究也顯示，主要採取植物性飲食的人會更活躍，而且他們的體型往往更苗條。

那麼，究竟是什麼讓植物具有如此強大的威力？這些全都內建在它們的營養成分的數據圖表中，這使得它們無可匹敵。當你將植物性食物和動物性食物並列進行營養成分比對時，得到的數據有目共睹。採用以植物性食品為主的飲食，代表你將會攝入更大量濃縮的維生素、礦物質，還有抗氧化物（它是疾病鬥士，能夠中和危險的自由基化合物）。

會導致心臟血管疾病，以及所有隨之而來醫療併發症的不健康飽和脂肪及膽固醇，在植物性食物中的含量往往也較低。

為什麼你該食用更多的植物性食物？答案相當簡單。它們絕對是你身體的最佳燃料，而且能幫助我們預防和抵抗疾病。大多數早期的藥物是藉由草藥的形式從植物中取得。它們的藥用特性已經被人們所知並使用了數千年，而且至今依舊在全球各地使用中。食物應該是有趣、美味，而且能帶來愉悅感的，但也應該將食物作為我們身體燃料的品質納入考慮，好讓我們能保持健康、對抗疾病，且無論是體力勞作或腦力工作上等自我要求的事情，都能達到最佳表現。

植物性飲食的好處已獲得充分證明，而且對那些想要、並有能力負擔這些營養素動力的人來說，是普遍容易取得的。全球已進行了數千項觀察植物性飲食各種不同層面的研究、以及它們如何直接或間接地影響我們的生活品質及壽命。以下的抽樣你會發現所能獲得的益處，這些益處是從大量食用植物、並在你的飲食養生法中控制動物性製品的攝取量，讓它在比例上相對較少而得到的。讓我表達更清楚一點——我和所有人一樣喜愛多汁的肋眼牛排，但研究和學習關於所有從食用更多植物性食物得到的絕佳健康益處不是要我放棄牛排，而是拉長我食用牛排的時間間隔。雖然在一開始，我以為這可能會非常困難，但從我做出改變開始，我從未感覺自己如此強壯或生氣勃勃。我感受到被提高的能量程度，在數項研究中已有發現，其中包括一篇刊登在《公共衛生營養學》的文章，在這篇報導中，研究人員發現，相比於那些採行雜食性飲食（植物性製品與動物性製品皆食用）的人，大部分飲食以植物性為主的人，甲狀腺機能亢進（過分活躍的甲狀腺）的好發率降低了50%（注1）。由於甲狀腺機能亢進會增加新陳代謝、導致精疲力竭，造成活力降低。這種情況與靠電池運行、持續運作卻未進行充電的設備類似。最終電池會耗盡電量，而設備將會停止運轉。

注1：莎琳娜・唐斯塔等人著，〈取決於素食主義飲食類型的甲狀腺亢進好發率〉，《公共衛生營養學》（Public Health Nutrition）第18卷，第8期（西元2015年）：第1482頁至第1487頁，doi: 10.1017/S1368980014002183。

植物性飲食的益處

- 降低你的膽固醇
- 減少心臟疾病的風險
- 降低你的血壓
- 有助於減重
- 減少罹患癌症的風險
- 幫助你活得更久
- 減少中風的風險
- 減少罹患糖尿病的風險
- 增加精力
- 改善免疫系統功能
- 提振你的情緒

降低膽固醇

血液中的膽固醇含量過高可能是非常危險的事。過多的膽固醇會引起脂肪沉積黏附在我們的血管內壁，導致血流通過的開口變得狹窄。這種變窄的現象會使得血流受到限制或變得有限。你可以想像拿著一根水管並從外側進行擠壓。水還是可以流動，但遠比你施加限制性壓力前的水量少。血流量減少並不是一個好狀況，因為身體需要血液盡可能快速循環，充分完全地抵達我們所有的器官與組織，好讓它們能恰當地獲得血漿中營養素的滋養。當血管疾病發生時（這通常需要時間，而且一般過程都是無聲無息的，直到發生夠多引發問題的損傷），它會引起各式各樣的問題，包括心臟疾病、心臟病發作、腎臟病、眼部疾病，還有中風。已有令人信服的研究顯示，從主要以動物性食物為主的飲食轉變為植物性飲食，就能降低10%到15%的壞膽固醇

（LDL），而那些嚴格的純素主義者壞膽固醇的降低程度可達25%之多。

對降低膽固醇可能有幫助的食物及營養素

酪梨

纖維（燕麥、豆類、豆科植物、水果、蔬菜）

葫蘆巴籽及葉

液態植物油（芥花油、橄欖油、葵花籽油、紅花籽油）

堅果（杏仁及核桃）

紅麴米

黃豆（豆腐及豆漿）

乳清蛋白

蓍草（茶）

減少心臟疾病的風險

在談到造成心臟疾病的眾多原因時，血液中過高的膽固醇及飽和脂肪含量是其中兩大主因。肉類和其他動物性食品當中，含有大量上述兩項對心臟不友善的化合物，因此用較為植物性的食物替換它們將能產生重要的健康效益。包括「美國心臟協會」在內的機構所進行的許多研究發現，採用植物性飲食能讓心血管疾病發生的風險降低16%，而因心血管疾病死亡的風險則會降低約31%。要注意的重點是，植物性食物的種類也很重要。你應該將精力專注放在水果、蔬菜、健康的油品、全穀類還有豆類上，同時避開不健康的植物性食品，像是精製穀類（餅乾、糕點，還有甜甜圈），以及含糖飲料，例如汽水還有某些營養價值極低或根本沒有營養的甜味茶。美國心臟協會提供了指南，告訴我們該如何為我們的心臟吃得更健康。

對心臟有益的食物

多吃

- 各種水果與蔬菜
- 全穀類
- 未經修飾的蔬菜油（芥花油、玉米油、橄欖油、花生油、紅花油、大豆油、葵花籽油等等。）
- 堅果
- 豆類
- 低脂乳製品
- 去皮的家禽肉及魚

少吃

- 飽和脂肪
- 反式脂肪（也被稱爲氫化油和部分氫化油）
- 鈉
- 紅肉
- 甜點
- 加糖飲料（例如汽水和某些冰茶）

降低你的血壓

高血壓經常被稱為「沉默殺手」，因為在它可能在未被察覺的情況下發展多年，直到傷害變得顯而易見，引起像是中風或心臟病發作這樣的災難性事件。不幸的是，長時間患有這種疾病可能會導致包括心臟疾病、第二型糖尿病，還有腎衰竭在內的多種醫療併發症。好消息是，已有多項研究顯示，許多採用植物性飲食的人血壓大幅降低，同時有一項研究顯示，相較於非素食主義者而言，素食主義者罹患高血壓的風險降低了34%（注2）。

如果你沒有潛在的醫療問題，而且從未被檢查出血壓過高，每年檢查你的血壓至少一或兩次是很重要的。如果你被診斷出有高血壓，那麼與你的醫護人員合作，規劃出你的血壓檢查次數計畫表。你清楚知道什麼是正常血壓、什麼是不正常的血壓這一點也很重要。你可以用「美國心臟協會」提供的這個表格幫助你瞭解你的血壓數值。

血壓分類	收縮壓毫米汞柱（較高的數字）		舒張壓毫米汞柱（較低的數字）
正常	低於120	和	低於80
偏高	120–129	和	低於80
高血壓第一期	130–139	或	80–89
高血壓第二期	140或更高	或	90或更高
高血壓危象（立刻聯絡你的醫師或前往急診就醫）	高於180	和／或	高於120

關於食用更多植物的好消息是，有關植物性飲食及它們對降低血壓之影響的廣泛研究已開始進行。有證據顯示這兩者間有關連，而且研究人員甚至已經識別出更有機會產生重大影響的各種食物。檢視下表發現是哪些食物，並將它們堆進你的購物車裡。

注2：劉浩文等人著，以〈醫院為本的素食主義飲食與血壓研究〉，《慈濟醫學》雜誌（Tzu- Chi Medical Journal）第30卷，第3期（西元2018年）；第176頁至第180頁，doi: 10.4103/tcmj.tcmj_91_17。

降血壓食物

香蕉	發酵食品 （蘋果醋、韓國泡菜、康普茶、味增、天然優格、天貝）	綠色葉菜	種子類 （南瓜籽、亞麻籽、葵花籽）
甜菜	大蒜	扁豆 （還有其他豆類）	樹堅果 （特別是開心果）
黑莓	奇異果	燕麥	西瓜
藍莓		橄欖油	
肉桂		石榴	
黑巧克力			

減重

許多做出從動物性飲食到植物性飲食轉變的人，獲得的報償不只是更好的健康狀況，還有體重的減輕，即使那並非他們一開始的目的。毫無疑問，對大多數主要以植物性飲食為主的人而言，他們發生肥胖的風險會降低。一篇刊登在《糖尿病護理》的主要研究發現，非肉食者和肉食者的身體質量指數（BMI）有顯著的差異（注3）。

有幾個原因可以解釋為何許多人在飲食中包含更多植物性時，能體驗到減重的好處。第一，與肉類和乳製品等動物性食物相比，植物性食物的熱量往往較低。你吃進的熱量越少，你就越可能減輕體重或避免超重。第二，全穀類和蔬菜的升糖指數（GI）通常較低，這表示它們

注3：莎琳娜・唐斯塔等人著，〈素食主義飲食種類、體重，與第二型糖尿病的好發率〉，《糖尿病護理》（Diabetes Care）第32卷，第5期（西元2009年）：第791頁至第796頁，doi: 10.2337/dc08-1886。

被消化得更慢，因此使得血糖的升高更慢、更平穩。第三，這些植物性食品通常纖維含量都比較高，這一點是很有益的，因為纖維能帶給我們更長時間的飽腹感，這代表我們較不覺得飢餓，而且進食頻率會下降。

不過，在說到假設植物性飲食就自動代表減重或變瘦時，我們必須提出一項警告。和那些採行動物性飲食的人一樣，有很多純素主義者和素食主義者也正在與體重問題對抗。當你將充滿肉類和其他動物性食品與富含熱量連結在一起，並與植物性食物相比較時（你假設它們應該剛好恰好相反），可能會感到困惑。當人們吃的「壞」東西較少、「好」東西更多時，為什麼會增重或沒辦法減重？ 這取決於你烹飪和食用植物性食物的方式和材料，你還是會讓它們飽含多餘的熱量（奶油、鮮奶油、濃厚的醬汁、油炸）。無論你吃的是哪一種食物，基本原則仍然成立——攝入的熱量比燃燒的熱量更多時將導致體重增加，即使你除了大量的羽衣甘藍和藜麥之外，其他什麼都沒吃也是一樣。

減少罹患癌症的風險

癌症是美國第二大死因，它的病程複雜而且令人沮喪，不僅每年令數以百萬計的人們痛苦折磨，也讓不斷研究癌症起因以及預防與治療癌症方法的研究學者困惑挫敗。通常，想要指明特定一件實際上引發癌變過程的事情是很困難的，因為往往有多重因素牽涉其中（基因、環境毒素、毒物，還有其他致癌物質）。儘管如此，研究顯示植物性飲食能協助降低人們罹患癌症的風險。在保護我們免於癌症侵襲方面，能夠提供協助的營養素，包括維生素、礦物質、纖維，還有植化素（植物中的化學物質）。豆子、水果、堅果、種子，還有蔬菜當中，含有大量上述營養素。

已有許多關於紅肉的研究，且已經發現我們吃越多紅肉，因各種病因死亡的風險就越高。當紅肉經過烹煮後，會產生化學化合物，而這些化合物被認為有助於癌症的發展過程。事實上，國際癌症研究署（IARC）在評估超過800項探討癌症與食用加工紅肉及未加工處理紅肉間之關連性的研究後，得到的結論是，罹患癌症的風險隨著上述肉品攝取量的增加而上升。每天食用1份50克的加工肉品（比如說3½片的培根），會讓大腸直腸癌的發生風險增加18%（注4）。國際癌症研究署進一步做出總結，當與那些飲食中包含肉類的人相比時，採行以植物性飲食為主、輔以適量魚類之飲食型態的人，罹患大腸結腸癌的風險會降低45%。如果你要吃肉，請確定你所攝入的未加工肉品比例要遠大於加工肉品的比例。

注4：維洛妮卡・布瓦爾等人著，〈食用紅肉及加工肉品的致癌性〉，《刺胳針－腫瘤學》（Lancet Oncology）第16卷，第16期（西元2015年）：第1599頁至第1600頁，doi: 10.1016/S1470-2045(15)00444-1。

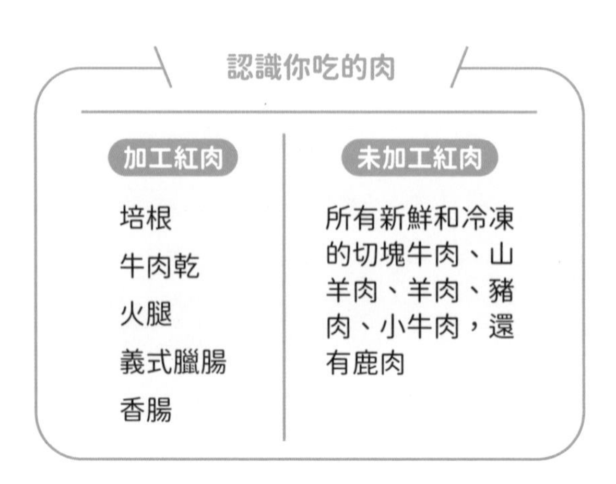

減少中風的風險

有多重因素會增加你中風的風險，包括了高血壓、吸煙、糖尿病、含大量劣質脂肪的飲食、缺乏運動、高膽固醇、肥胖、冠狀動脈心臟病、頸動脈疾病、週邊動脈疾病，還有鐮型血球貧血症。這些因素有許多都能藉著採行植物性飲食和做出更健康的生活選擇而大幅減少。事實上，一半的中風病例是可以預防的。更好的消息是，研究已經顯示，大量攝取水果和蔬菜的人發生中風的風險，比那些最不常吃水果和蔬菜的人要低21%（注5）。

減少罹患糖尿病的風險

我們的飲食與第二型糖尿病之間的關係早已得到證實。越是超重和

注5：胡丹等人著，〈水果與蔬菜的攝取和中風風險的關係：一項前瞻性研究的整合分析〉，《中風》第45卷，第6期（西元2014年）：第1613頁至第1619頁。doi: 10.1161/STROKEAHA.114.004836。

肥胖的人，他們發生糖尿病這種病症的風險越大，罹患糖尿病的人，他們的身體無法充分地處理流通在血液中的糖分。體重過重通常意味著我們有更多的脂肪，而更多的脂肪則代表我們的身體更有可能產生胰島素抗性，這表示身體無法恰當地對極為重要、在調節血糖濃度方面最為關鍵的胰島素荷爾蒙做出回應。植物性飲食有助於減重，這意思是降低我們體內脂肪組織的量，藉此減少我們的胰島素荷爾蒙無法恰當發生作用的機會。一項研究發現，採行富含高品質植物性食品的植物性飲食，能有效減少高達34%發生第二型糖尿病的風險。

糖尿病可能是一種複雜的疾病；不存在所有誘發因子完全相同或對治療方法產生完全相同反應的兩名患者。每位糖尿病患者都需要瞭解，何種食物和治療方法對控制他們的疾病來說是最好的，減重還有精製糖含量少、富含纖維及植物性全穀類的飲食能帶來很大的影響。以下是一些會為預防及控制糖尿病帶來益處的食物。

適合糖尿病的食物

豆子和其他豆類、蔬菜（生食、蒸、烤或炙燒）
水果（生的或冷凍的／無糖水果罐頭）、核桃
綠色葉菜、全穀類（莧菜籽、糙米、燕麥片、藜麥等等）

改善免疫系統功能

近來全球新冠肺炎（COVID-19）大流行的挑戰給我們帶來許多教訓，

尤其是擁有強大免疫系統的重要性。植物性飲食在確保我們的免疫系統處於最佳狀態方面是不可或缺的。富含維生素、礦物質、植化素還有抗氧化物的植物能協助我們的細胞維持健康，並且讓我們的體內維持適當的生物均衡，好讓我們的免疫系統能在巔峰狀態發揮功能。當病菌和其他微生物入侵我們的身體時，我們需要有所準備且足夠強大、可以保護我們免於感染危害的免疫系統。然而，有許多營養素能協助支援我們的免疫系統，維生素 B、C 和 D 還有鋅是其中的首選。下表是一些含有能提升免疫力之營養素的食物。

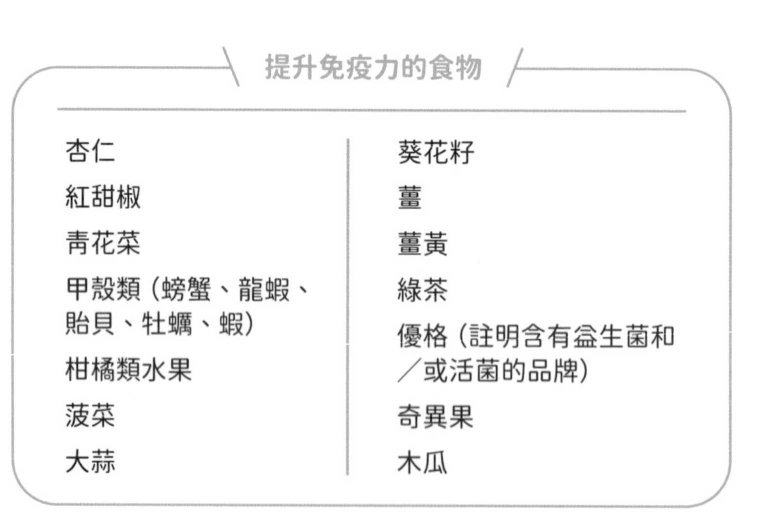

提升免疫力的食物

杏仁	葵花籽
紅甜椒	薑
青花菜	薑黃
甲殼類（螃蟹、龍蝦、貽貝、牡蠣、蝦）	綠茶
柑橘類水果	優格（註明含有益生菌和／或活菌的品牌）
菠菜	奇異果
大蒜	木瓜

提振你的情緒

令人振奮的、聚焦在營養及其對情緒之影響的研究已經出現。誰會想到，我們在多年前吃進嘴裡的食物，對我們大腦內發生的事會造成實際影響？最近有相當多的研究集中在現在被稱為腸 - 腦軸線的腸道與大腦間的溝通上。在神經學上，腸道與大腦透過迷走神經彼此連結，迷走神經會雙向發送訊號。另一個大腦與腸道進行溝通的方式則是通過被稱為神經傳導物質的化學信使。神經傳導物質在大腦生成，能控制我們的感受和情緒。血清素是會讓我們產生幸福感的神經傳導物質，同時也協助調控我們的生理時鐘。但大腦並不是唯一會生成血清素的位置，因為我們90%的血清素供應是存在腸道和血小板中。新興的研究顯示，腸道的健康和一個人飲食的品質，對情緒會產生正面或負面的影響。事實上，精神醫學已據此發展出完整的學科，被稱之為營養精神學科，在這個學科中，自古以來使用藥物還有認知與行為療法治療心理疾病的醫師，現在將食物、其中最重要的是植物力量，加入治療方案中，以幫助那些受一系列心理疾病所苦的人。

激勵情緒的食物

豆子、豌豆及其他豆類
發酵食品（未加糖的克菲爾〔kefir〕、德國酸菜、韓國泡菜）
魚
新鮮水果和蔬菜（色彩越豐富多樣越好）
全穀類（避免包裝食品和加工食品）
無糖優格（含有益生菌和／或活菌）

植物性飲食對環境的影響

我們大部分關注的重點往往放在植物對我們的健康會帶來怎樣的好

處，但很多人不知道，植物性飲食對我們的環境帶來的真正影響。氣候變遷是真實的科學現象，這個現象一直處於世界舞台上令人擔憂的全球議題中心。每天，我們都會經歷或聽聞極端氣候模式、疾病的突然爆發、冰冠的融化、野生動物棲息地的破壞，還有各種不同物種滅絕或瀕臨滅絕的事件——這一切都與氣候變遷的衝擊相關。我們在我們的消費生活中忙得如此不可開交，以致於我們忘記了氣候每一天每一秒的變化，對我們生活的環境，以及我們和物質世界間的關係都有重大的影響。

現在每個小學生都知道有助於保護我們環境的常見方法——節省能源、節約用水、回收再利用、減少排放有害氣體與化學物質進入環境中。我們的孩子能在年齡尚幼時學到這些觀念是件好事，因為現在就採取到位的措施和實際做法，對他們和他們最終承襲的世界會有巨大的好處。但很多人並未談到的部分是，我們培育和食用食物的方式，在減少對環境有害的溫室氣體排放、減少它們對氣候造成的衝擊方面，也是相當重要的。

刊登在聲望極高的科學期刊《刺胳針》(The Lancet)的一篇報導總結認為，全世界從動物性飲食轉向偏植物性飲食的變動，對地球的健康是相當關鍵的，因為這與減少溫室氣體有關。全球大約有30%的溫室氣體排放來自於食物的生產，其中約有半數則是來自畜牧業。為什麼這一點很重要？甲烷是會對大氣產生最大影響的氣體之一，在20年內，甲烷加溫大氣的能力是等量二氧化碳的80倍以上。乳牛的正常消化過程會產生大量的甲烷。氣體的排放量取決於畜群中的動物數量、畜群動物的消化系統種類，還有牠們攝取的飼料種類與數量。家畜越多、牠們在消化過程中生成的甲烷越多，這意思是每一天的每一秒，全球有數十億的甲烷分子被噴吐進空氣中。如果全世界有更多人減少他們對動物的消耗，從而削減生產動物性食品的需求，那麼到西元2050年時，植物性飲食的增加將減少10%的死亡率和70%的溫室氣體（注6）。

令人擔憂的不只是溫室氣體對我們環境的破壞，還有我們在糧食生產中所消耗的資源。土地利用也是一個問題。糧食生產占用了全球土地的40%。花一分鐘時間來理解這個數字。這個星球全部的土地將近有一半都被用於糧食的生產。沒錯，我們的生存需要食物，但生產糧食是否能以更有效率的方式，讓我們在營養和生物學需求得到滿足的同時，也能保持地球的健康開放，好讓地球得以在未來數千年欣欣向榮和永續存在？ 研究人員也檢視了我們的淡水供應量，獲得的資料一致顯示，在全球的許多地區，淡水供應出現短缺的狀況。就目前情況看來，糧食生產消耗了我們淡水供應量的70%，這是另一個驚人的數字，需要數分鐘的思考才能完全理解這項統計數字有多麼重要。

接下來我們該怎麼做？ 瞭解這項數據並不代表你需要徹底排除動物性製品才算是有所作為；相反的，這意味著你至少應該嘗試避開那些

---

* 注6：布瓦爾等人著，《飲食的致癌性》（Carcinogenicity of Consumption）。

最糟糕的氣候破壞者。「世界資源研究所」已藉由檢查以下三項指標列出這些破壞者：溫室氣體的排放、土地利用，還有淡水的消耗量。毫無意外，牛肉是到目前為止最糟糕的破壞者，被許多人稱之為環境災難。名單中，緊跟在牛肉後面的是乳製品，然後是禽肉、豬肉、蛋還有魚。事實上，在一項嘗試通過飲食習慣減少氣候變遷的努力中，聯合國政府間氣候變化專門委員會（IPCC）已倡議人們減少30%他們對動物性製品的消耗。那麼，在遵循接下來章節中的吃素潮計畫後，你將會遠遠超過那個目標，不但改善了你的健康，減少你罹患許多疾病的風險，還能夠幫忙維持我們的地球在未來幾個世紀安全永續。

Chapter 2

植物性飲食是什麼？

PLANT-BASED: WHAT DOES IT MEAN?

涉及營養學的專門術語，尤其是與食物的食用還有飲食方式相關的術語，可能會讓人非常困惑。對不同人來說，許多術語和觀念可能代表不同的意義，甚至連專家們也不總是能達成共識。無論如何，術語與觀念被明確定義，好讓它們的使用上令所有參與討論的團體能更好地理解討論內容，這樣的溝通是最有效的（這並不表示他們必須同意那些準則，但至少每個人都理解準則的定義。）

讓我們從植物性飲食的定義開始。

> **植物性飲食是著重植物性食物的飲食方式，在個人消耗的食物中，攝取較少量的動物性食物，相比之下植物性食物所占的比例更高。**

還有一些其他你應該加以熟悉、以便能順暢地在植物性飲食對話中使用的名詞。

植物性飲食中的專門術語

純素主義飲食 (VEGAN DIET)

完全植物性的飲食方式，排除任何來自動物的食物，像是肉類、魚、乳製品，還有蛋 (對某些人來說，蜂蜜也在排除的名單上，因爲蜂蜜來自昆蟲，而純素主義者認爲昆蟲與像是牛這類的動物沒什麼不同。)

素食主義飲食 (VEGETARIAN DIET)

排除肉類、但可能包含乳製品和或蛋的飲食方式 (奶素、蛋素、蛋奶素、果食主義、純素；魚素者也會吃魚)。

彈性素食飲食 (FLEXITARIAN DIET)

一種主要是素食的飲食方式，偶爾會包含肉類或魚類，或者是其他動物性食品，但最主要還是集中在植物食物上。

植物優先飲食 (PLANT- FORWARD)

將烹飪和飲食重心放在植物性食物、但並不嚴格限制這些食物上的飲食方式。可能會包含肉類和其他動物性製品，但這些食物不是飯食的重點。

植物的營養素

植物之所以如此威力無窮，是因為它們含有如此多的重要營養素，其中最重要的是維生素、礦物質、纖維，還有蛋白質。這些營養素能協助我們預防和抵禦疾病、增加我們的活力水準、幫助我們的身體運作得更好，還能改善我們的外表。你可以從食用生的、煮熟的水果與蔬菜、種子與堅果中得到營養的好處。為了最大程度地提高你的植物飲食體驗，確認你將各種各樣不同食物納入考慮，包括水果、蔬菜、豆類、健康的脂肪、全穀類、植物奶、種子，還有堅果。你可以在下表內找到更多富含營養素的植物性產品，選購時快速參考。這些表格並不完整，但會是幫忙引導你在市場中搜尋的好例子。

營養最爲密集的水果

蘋果	柳橙	葡萄
荔枝	火龍果	草莓
酪梨	桃子	芭樂
芒果	榴槤	西瓜
香蕉	鳳梨	奇異果
橄欖	葡萄柚	
櫻桃	石榴	

豆類

橢圓或實心的豆子	豌豆等蔬果莢類的圓形豆子
花生	扁豆
鷹嘴豆	黃豆

健康的烹調用油

芥花油	玉米油
花生油和其他堅果油，例如杏仁油、榛果油、核桃油等	紅花油
	亞麻油
	大豆油
	葡萄籽油
	葵花油
	橄欖油

營養最爲密集的蔬菜

蘆筍	胡蘿蔔
綠豌豆	菠菜
甜菜根	花椰菜
羽衣甘藍	甘藷
甜椒	綠葉甘藍
球莖甘藍(大頭菜或苤藍)	瑞士甜菜
青花菜	大蒜
洋蔥	薑
孢子甘藍	
紫甘藍	

全穀類		
大麥	斯佩耳特小麥	100% 全穀類麵包
布格麥（碾碎的）	小米	爆米花
糙米	全麥製成的麵包、義大利麵或餅乾	藜麥
玉米	燕麥	黑麥
蕎麥		

植物奶（選擇無糖的種類）		
杏仁奶	燕麥奶	榛果奶
大麻籽奶	椰奶	豆奶
香蕉奶	米漿	
夏威夷豆奶	亞麻籽奶	
腰果奶	芝麻奶	

植物性膳食的原型

植物性膳食看起來應該是什麼樣子？是不是必須只包含植物性的食物？哈佛公共衛生學院的專家已廣泛發表關於植物性飲食和它們的各種健康益處的著作。他們為健康飲食餐盤看起來該是什麼模樣建立了一個模型，當中包含了水果、蔬菜、健康的油脂、蛋白質，還有全穀類在其中所占相對比例的敘述。

健康飲食餐盤

在餐桌上多用健康的油品(比如說橄欖油和芥花油),以及多用它們烹飪、做沙拉。限制奶油的用量。避開反式脂肪。

健康的油脂

用水、茶或咖啡(微糖或無糖)。限制牛奶/乳製品(每天1到2份)還有果汁(每天1小杯)。避開含糖飲料。

水

食用各種全穀類(像是全麥麵包、全麥義大利麵還有糙米)。限制精製穀類的食用(例如白米和白麵包)。

全穀類

越多蔬菜越好,而且種類越多樣越好。馬鈴薯和薯條不算在內。

蔬菜

健康的蛋白質

選擇魚類、家禽、豆子還有堅果;限制紅肉和起司的食用;避開培根、冷盤肉,還有其他加工肉品。

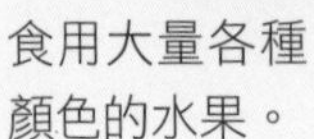

水果

食用大量各種顏色的水果。

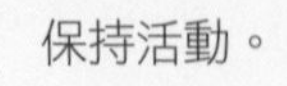

保持活動。

哈佛公共衛生學院
營養資料來源
www.hsph.harvard.edu/nutritionsource

哈佛醫學院
哈佛健康通訊
www.health.harvard.edu

在看這張健康餐盤圖表時，有一些必須提到的重要關鍵重點。

1. 請注意，有一半的餐盤是被水果和蔬菜占據的。這在你準備飯食或在外點餐的時候，還有決定餐點該是由什麼食物組成來說，是一項簡單的視覺參考。

2. 全穀類占據餐盤的比例大約是25%，包括了全麥麵包、糙米，還有全麥的義大利麵。這讓你的每日全穀類建議攝取量相對容易獲得滿足——你所食用的穀類有一半，意思是三到五份，必須是全穀類。

3. 精製或加工穀類，包括像是白米、白麵包、餅乾、蛋糕，還有其他以白麵粉製成的食品被允許偶爾食用，但應該維持在最低限度。

4. 你的餐盤組成中，應該有25%的健康蛋白質。本章稍後會討論優良的植物性蛋白質來源，不過請注意，像是魚類和家禽等動物性蛋白質來源是被納入的，而紅肉、冷盤肉、培根，還有其他加工肉品以及起司（其中含有不健康的飽和脂肪），則建議限制食用。

你需要吃有機食品嗎？

過去十年見證了有機食品工業巨大的繁盛發展，根據有機貿易協會在西元2020年發布的有機產業調查，西元2019年的銷售額達到驚人的500億美金。那幾乎是僅僅十四年前有機產品銷售額的將近4倍，當時銷售額只攀升到138億美金。從早期有機農業初興起時，消費者必須前往小型、有時候是偏遠的特殊商店，去尋找這些許多人相信更健康、更有營養的特殊耕種食品開始，全國各地的超市已經發生改變。現在你可以走進任何一家大型超市，並發現整個走道上有大量的貨架空間專門用於擺放有機商品。

但這些有機食品真的更加健康、更加營養嗎？簡單的回答是，並不。事實上，有機農業甚至不是為了更健康的食物而興起的；更確切地說，一開始有機農業的興趣是為了幫助保護環境。有機農業的信念認為，傳統農業在種植糧食時使用的殺蟲劑、化肥、激素，還有其他化學品會傷害土地和環境。有機農業是不使用對環境有毒的化學品、以最乾淨和純淨的形式培育作物的一種方法——植物和家畜兩者皆適用。有機農業受到美國農業部的高度管控，以嚴格的標準檢驗土壤，而且檢驗結果必須顯示不含有大多數的合成殺蟲劑與化肥。作物不能經過基因改良，家畜不可給予激素和抗生素（這些通常是用來保護動物免於生病，並協助保證牠們可達到最大的成長程度），同時餵養家畜的飼料必須是有機種植的。動物不得被限制性關籠，而且能夠自由地在戶外漫遊。有機農業的從業人員和支持者推論，這種方法不僅將保存更多地球的自然資源，還可以維持動物的健康與永續福利。雖然這些對環境的益處絕對是真實的，但那不表示作物本身會更有營養。一根有機香蕉裡所包含的維生素和其他營養素的數量，與一根傳統農業種植出來的香蕉內含的數量是相同的。但顯然你會為了有機香蕉付更多錢，因為理由是以有機方式耕作的成本更為昂貴，有機農業手動生產的人工更貴、淨利率較低，而直到可收成並運送至你所在的當地商店為止，都不能使用那些殺死作物害蟲，也幫助保護脆弱作物的常見化學品，因此農人會損失更多的作物。

其中提倡有機農業、支持有機作物較為營養的一項說法是，有機作物的殺蟲劑和化肥污染，與用傳統農業方法種植的作物比起來還要少。然而，研究人員已經對此進行廣泛研究，並發現儘管這些以傳統農業方法種植的水果和蔬菜上有一些化學物質殘留，但殘留量如此稀少，並不會引起真正的健康風險，而且美國農業部認為這些產品是可以安全食用的。至於那些擔心長期暴露在化學品殘留下會有生物累積性的人（例如，連續多年大量食用可能有微量化學品殘留的水果和蔬菜），並沒有任何資料顯示出對健康會造成任何潛在負面影響的疑慮。

如果你還是擔心傳統農業種植作物的安全性（儘管如果有任何真實存在的健康風險，都是極其微小的），你可以藉由徹底清洗食材減輕這種風險，同時明智的作法是，你願意從口袋多掏出幾塊錢付帳，將你購買的有機食材種類限制在那些你會連皮一起食用的產品，因為如果有任何化學品殘留，外皮會是那些化學品黏附的地方。環境工作組織每年都會發布被稱為十二大污染農產品（The Dirty Dozen）的名單，當中羅列美國農業部研究調查結果中，最可能含有殺蟲劑殘留的傳統農業種植食品。如果你要購買有機食品，從以下這些產品開始。

12大污染農產品	
蘋果	櫻桃
甜椒和辣椒	葡萄
芹菜	羽衣甘藍
油桃	菠菜
桃子	草莓
梨	番茄

如果你擔心你採購的肉類來自傳統畜牧業養殖，因此可能含有激素和抗生素，那麼你當然可以購買有機產品。目前仍然沒有令人信服的資料可量化你於商店所購買之肉品中，這些化學品的殘餘量（如果有的話），或者這些化學品的存在對你的健康是否有任何負面影響；無論如何，每個人都有權格外謹慎。所以，如果你依舊有所疑慮，而且手頭還算寬鬆，就把錢花在有機肉品上吧。儘管存在關於有機產品可能帶來較低健康風險的論點，但並沒有確切的論證顯示這些食品有更高的營養品質。一顆有機檸檬包含的養分不會比一顆傳統農業檸檬的養分更多，而我上一次查看我家當地市場時，有機檸檬的價格比傳統農業檸檬的價格貴了30%，而它們的營養價值是相同的。如果你一年消耗足夠多的檸檬，這個差異會累積成真正的金錢。

開始你的植物性飲食之旅

本書的目的是協助你轉換成更偏向植物性的飲食生活型態。在接下來的章節中，有一個明確的四週計畫可以用來幫助你達成這個轉換。然而在開始閱讀這個計畫前，用一些你立刻可以做到的簡單、非硬性規定的事，可以幫助你在心理上做好準備，讓你的注意力集中在正確的地方，並且對即將在你旅程中採行的觀念有更好的理解。

8個讓飲食變得更偏向植物性的簡單方法

多吃蔬菜

吃午餐或晚餐時，確保你的餐盤中有一半是被色彩繽紛的蔬菜所覆蓋。零食也是一個吃進更多那些營養素密集蔬菜的好方法。

吃好油

把焦點放在食用優質脂肪構成的食物。最好是不飽和脂肪，所以選擇像是橄欖油、花生油、大豆油、葵花籽油、芥花油、亞麻仁油、玉米油、紅花籽油，還有葡萄籽油等油脂。

進行實驗

試著每週烹煮3道植物性的主菜。從簡單的開始，而且保持開放的心胸。你越加以嘗試及喜愛那些食譜，你就越願意烹調它們和嘗試其他食譜。

週一無肉日

從同意週一不食用任何肉類開始。每兩週加上一天新的無肉日，直到一週至少有4天無肉日爲止。

從沙拉開始

將更多沙拉納入你的飲食體系中，並讓它們成爲你餐食的核心部分。對你放進沙拉的食材進行實驗，好增加多樣性與烹飪的樂趣。

從周圍購物

當你進行日常用品採購時，跟自己做個約定，你的購物車中要有超過一半的貨品是來自沿著店面周圍擺放的貨架，少部分是來自中央貨架。(譯注：美國超市的貨架陳列通常會將生鮮食品沿著店面的外緣放置)

蛋白質的替換

我們大多數人從肉類獲得過半數的蛋白質。但是植物蛋白質也同樣有效且可普遍大量地取得。增加植物蛋白質的攝取量並減少攝取動物蛋白質。

用肉類畫龍點睛

與其將肉類當成你餐盤中的主演明星，不如將它變成配角。讓蔬菜成爲菜餚主要的吸引力，但同時用少量的肉類爲其增添質感和味道。試想一道主要以植物爲基礎的清炒蔬菜，或許你可以加進少量的牛肉或雞肉。

植物蛋白質的力量

蛋白質對我們的健康和身體的運行極為重要。蛋白質是人體大量需要的三大主要營養素之一（其他兩種是碳水化合物和脂肪）。蛋白質在身體結構的建構、修復，還有維護方面是不可或缺的。不像其他的主要營養素，蛋白質不會被貯存起來供未來使用，因此，我們必須不斷地從飲食中獲得蛋白質。蛋白質在全身的肌肉、骨骼、毛髮、皮膚，還有幾乎每一種其他人體部位或組織中都可以找到。為我們活著的每一天每秒鐘所發生的數十億種化學反應提供動力、數以千計微小的酶就是由蛋白質構成的。事實上，現在的我們實際上是由至少一萬種不同的蛋白質所造就的。

美國國家醫學院建議，成人每天每公斤體重至少要攝取0.8公克的蛋白質，相當於每20磅（約9公斤）體重需要攝取7公克多一點的蛋白質。舉例來說，一名體重160磅（約73公斤）的成人每天應攝取約56公克的蛋白質。請注意，這只是個估計值，還有許多會影響一個人每天是否應該攝取更多或更少蛋白質的因素與醫療狀況，所以在決定什麼合適你之前，最好諮詢你的醫生。

關於動物性蛋白質和植物性蛋白質二者孰優孰劣曾有過熱烈的討論。這兩者間的一項重要不同之處與它們的胺基酸含量有關。胺基酸是構成蛋白質的基礎成分，如此一來，在消化食物中的蛋白質時，身體會將蛋白質分解成這些基礎胺基酸。構成蛋白質的胺基酸中，有九種是必須胺基酸。完全蛋白質是那些含有全部九種必須胺基酸的蛋白質。大部分的植物性蛋白質不像動物性蛋白質——是不完全的，這意思是說，它們缺失了至少其中一種必須胺基酸。不過，有一些植物性食物確實是由完全蛋白質構成的，這些食物包括莧菜、蕎麥、奇亞籽、大麻、藜麥、螺旋藻、大豆，還有天貝。

關於哪一種蛋白質比較好這一點，並沒有一致的意見，因為這其實取決於你試著要完成的目標，或是你試圖達成的需求。許多人相信，像是乳清蛋白這樣的動物性蛋白質或許能為試圖增肌的人帶來一些優勢，但也有人相信米蛋白粉一樣能提供和乳清蛋白類似的好處。你也必須考慮到植物中含有纖維這項非常富有營養的成分，這是動物性食品所沒有的。動物性食品含有較不健康的飽和脂肪，還有比植物性蛋白質製品含量更高的膽固醇，因此那也是你在選擇哪一種蛋白質最適合你的需求時，應該納入考慮的因素。動物性蛋白質更強壯結實，而且一定能更快幫你增加和維持肌肉嗎？ 儘管許多人曾聽聞或相信上述說法，大多數的科學證據卻並不支持這項論述。

植物性蛋白質的來源

豆子 （黑豆、芸豆、白腰豆、皇帝豆）	鷹嘴豆	蔬菜 （含量不高，但確實有一些）
燕麥	斯佩耳特小麥	扁豆
糙米	毛豆	野米
藜麥	螺旋藻	堅果 （杏仁、巴西堅果、腰果、榛果、花生〔編按：營養成分近似堅果的豆類〕、松子、開心果、核桃）
奇亞籽	穀類	
種子 （葵花籽、南瓜籽、大麻籽）	天貝	
	豌豆	

肉類替代品及其爭議

營養學界最熱門的爭議之一，就是大張旗鼓地圍繞在肉類替代品，也就是植物肉身上，還有它們是否比要取代的動物性肉類製品更健康。提出發展肉類替代品背後的原始前提之一，是認為減少肉類的消耗將意味著減少某些隨著攝取肉類而出現的負面健康影響。這種想法十分直截了當——減少紅肉的攝取量，藉此可以減少攝入對健康有害的物質；增加植物性食品的攝取，便能同時增加有益健康之營養素的攝取。

一個完整的行業基於以上及其他的前提誕生，為那些想要放棄紅肉及所有與它相關的不利因素，但仍希望享用肉類風味與質地的人提供服務。肉類替代品的使命，是讓那些友善環保人士能藉由更植物性的飲食得到滿足，這也是合理的說法，因為生產這些肉類替代品所使用的土地和水，已被證實大幅少於生產牛肉漢堡與其他肉類製品所需。

對於大量的肉類替換／替代品，研究人員和營養師最大的顧慮在於，它們最終是如何製造的。重要的是需明白，很有可能像植物這種本身天然、極為有益健康的事物被放入製造過程中，它健康營養的成分就遭到破壞了，而且這些營養成分很可能被不健康的添加物所取代，造成更多問題而非好處。舉例來說，在牛肉漢堡中，每個人都喜歡的肥厚肉味是由一種叫做原血紅素（heme）的分子而來，原血紅素含有鐵，出現在血液中（我們人類的血液中也有相同的分子——即含有鐵並負責將氧氣攜帶到我們身體各處的血紅素。）為了在植物性漢堡中重新創造出這種肉味，部分製造業者會從大豆植物的根部萃取原血紅素，然後在基因工程酵母菌中進行發酵。儘管這個辦法能有效地製造出牛肉漢堡的外觀和風味，但這個過程有產生更高的原血紅素鐵攝入量之疑慮，已知更高的原血紅素鐵攝入量與體內鐵儲存量的增加有關，從而增加罹患第二型糖尿病的風險。這些肉類替代品中，有一些確實含有較大量的植物性蛋白質，但是要付出什麼代價呢？ 它們可能含有大量不健康成分，包括飽和脂肪和高量的鈉。

目前在無肉「肉類」潮流中，沒有明顯的贏家。這其實是一個「買家注意」的情況。你必須跳脫出商品名稱和看起來健康的包裝，深入挖掘究竟其中有何種成分，還有這些成分的來源。比起紅肉，植物性「肉類」絕對具有營養和健康上的優勢，但那只限於如果它們是以高品質的原料製作，而且沒有塞滿加工「垃圾」的情況。底線是，紅肉就是紅肉，太過努力嘗試創造能完美映射出紅肉的東西不只極度有挑戰性，而且還可能會把真正肉類中含有、我們希望避免的不健康成分原料也引進加工過程中。並非所有的肉類替代品都是一樣的，所以可用以下的採購指南來幫助你，為你的味蕾還有你的動脈做出最佳選擇。

肉類替代品的注意事項

蛋白質含量

放棄動物性肉類並不表示你必須放棄蛋白質。有大量維持高蛋白質含量的替代品。尋找每份3盎司（約85克）中至少有10克蛋白質的產品。

熱量檢查

不要假設因爲產品是植物性的，熱量就比較低。確定你有檢查熱量數值，而且數值在你想要達成的準則範圍內。

數量很重要

你要的是未經過高度加工的替代品，而非使用各種化學品和人造原料的替代品，因爲這些原料可能和紅肉中你試圖避開的成分同樣有害。一般來說，一項產品有越多組成成分，這項食品越有可能是經過加工的。

注意鈉含量

製造商傾向偸偸往這些肉類替代品中加入大量的鈉。你的目標是尋找那些每份最高鈉含量爲250到300毫克的產品，因爲高量的鈉會讓人承受罹患高血壓的風險。鉀能幫忙抵銷鈉引起的高血壓效應，所以檢查鉀的含量，應該要達到鈉含量約兩倍。

脂肪和糖

瞭解關於這兩種物質的詳細資訊是很重要的。確認飽和脂肪的含量很低、不含反式脂肪（也會以氫化油和部分氫化油的名稱列出），還有不添加糖分。

檢查油脂

這些產品中所使用的油脂種類至關重要。尋找那些使用不飽和脂肪或多元不飽和脂肪的產品，因爲上述兩者是健康的油脂，並且能協助降低低密度脂蛋白（LDL，壞膽固醇）。如果產品中的確含有一定量的飽和脂肪，確認每份的含量不超過2公克。

Chapter 3

植物計點系統

PLANT POWER POINT SYSTEM

植物計點系統讓你可以用直接且便於追蹤的方式，記錄你食用的動物性食物（ABF）。轉換成主要以植物性食物（PBF）為主的目標，是從七成動物性食物比三成植物性食物變成七成植物性食物比三成動物性食物。從本質上來說，我們做的就是調換兩者的比例，好讓我們攝取的大多數食物來自於植物而非動物。就我們的計畫目的而言，我們並未將蜂蜜計算在內，即便對許多人來說，蜂蜜被視為動物性食物。

為了讓我們更容易轉換成植物性飲食，我們將利用一套你可以追蹤的簡單計點系統。一開始在一週的進程中，你總計共有32個食物點數。以下是點數總和的計算方式：

計點系統計算方法

一頓正餐＝1點

三餐乘以7天＝21餐＝21點

零食（熱量小於等於150卡）＝0.5點 *

3頓零食乘以7天＝21頓零食＝10.5點（四捨五入成11點）

每週點數總計＝正餐加零食＝21點加11點＝32點

如果你食用的零食熱量超過150卡、而且含有任何動物性製品的話，那麼像你計算正餐一樣，將零食算成完整的1點。

讓我們假設，你攝取的正餐和零食中，70%含有某種類型的動物性產品。那就意味著你的32個點數中，有70%會被歸類為動物性點數。這是簡單的數學。32的7%時是22.4，我們把它四捨五入成22。那表示你全部的每週點數中，有22點是動物性的，10點是植物性的。我們希望在4週的時間內，逐步轉換那些數字，好讓你的點數有22點是植物性的，而只有10點是動物性的。這份新的明細代表你仍可以食用動物性製品，但那將只占你飲食的30%。這是一個可達成的目標，如果你能逐步實現這個目標，就可以在轉換為食用更多植物性食品和較少動物性製品時，防止難以抑制的渴求和剝奪感。

週數	每週動物性食物（ABF）點數
第1週（70%動物性食物）	22
第2週（55%動物性食物）	18
第3週（40%動物性食物）	13
第4週（30%動物性食物）	10

植物計點系統——動物性食物（ABF）點數

食物	點數
肉類	
牛肉	1
羊肉	1
豬肉	1
小牛肉	1
下水（內臟肉）	1
野味	1
禽肉類	
雞肉	1
鴨肉	1
鵝肉	1
鵪鶉肉	1
火雞肉	1
魚類 / 海鮮	
所有種類的魚肉	1
鯷魚	1
槍烏賊	1
魚子醬	1
蛤蜊	1
海螺	1
螃蟹	1
魚露	1
龍蝦	1
貽貝	1
章魚	1
牡蠣	1
扇貝	1
蝦	1
乳製品	
奶油	1
酪蛋白	1
起司	1
茅屋起司	1
鮮奶油	1
冰淇淋	1
克菲爾	1
牛奶	1
果昔（使用乳製品製作的）	1
乳清	1
優格	1
蛋	
雞蛋	1
魚子	1
鵪鶉蛋	1
含有動物性製品的零食（熱量小於等於150卡）	1/2
含有動物性製品的零食（熱量大於150卡）	1

植物性飲食的行動準則

● **酒精**：對酒精並沒有什麼限制，但適量飲用毋庸置疑是關鍵。你真的應該試著遵循男性平均一天不攝取超過一杯酒、女性不超過一・五杯的準則。這個建議量是基於一般男性和女性之間的典型體型差異。紅酒和淡啤酒是比雞尾酒更健康的選擇，但所有的酒精性飲料都由你自行決定。如果你正在試著減重，請注意許多酒精性飲料都含有相當高的熱量，那可能會妨礙你減重的努力。

● **咖啡、茶、果汁，還有其他飲料**：這些在植物性飲食計畫中是被允許的。留意你加入這些飲料的東西，好讓它們仍然維持是健康的、且有助於你用更健康的生活方式過活，這是很重要的。我不是個汽水迷，因為汽水完全不含任何一點營養價值，而且充滿了化學物質；然而，汽水是一種植物性食品，這意思是說，汽水是被允許飲用的，雖然我強烈建議將它完全排除，或者大量減少你的攝取量。不管熱量計數如何，汽水和無糖汽水能讓和它們搭配食用的食物吃起來味道更好，也因此飲用汽水常會引發飲食過量。你由更健康的飲料，像是茶、新鮮果汁，還有水能獲得的好處會多更多。

● **麵包**：麵包被認為是植物性食品，因為它不含動物性製品（檢查成分表以確認這一點）。白麵包是被允許的，但要留意在大多數情況下，白麵包具有的營養品質較低，因為製作白麵包所使用的穀類已經過大量精製（加工），而且許多健康的營養素已經被去除了。有些製造商試著在加工過程中，將被他們去除的同樣營養素加回去，因此你會看到被特定維生素和礦物質「加強」的麵包；100%全穀類和100%全麥麵包會更健康，而且含有較少的糖與更少量的加工成分。試著做出少吃白麵包、多吃全穀類麵包的轉變。

- **正餐的轉換：**只要符合動物性食品準則，你可以在一天之內，或者幾天之間轉換正餐的選項。如果你想用另一天吃植物性正餐取代目前這一天，這樣的替換是完全沒有問題的。你可以隨心所欲這樣做——這是這個計畫所具備彈性的重要部分。

- **減重：**雖然這個計畫的用意並不是專門作為減重計畫，但如果你嚴格遵守計畫，而且如果你注意分量大小，那麼無疑地，有很大機會你的體重會減輕。你也可以遵循這個計畫，並同時進行間歇性斷食來增加你減重成功的機率。

- **每週／每日正餐計畫的結構：**這個計畫的彈性在如何安排你的日程和週程方面，給你相當大的自由。最重要的事情是，你要堅持之前所規定每週動物性食品的點數。你可以改變特定某一天當中的動物性食品正餐／零食種類，甚至可以改變一天當中有多少頓動物性食品正餐／零食，只要你不超過每週容許的總點數。

- **冷凍和罐裝的水果與蔬菜：**這些是被容許的，但請注意，在大多數情況下，可以取得的時候，新鮮的會比較好。如果你要採購罐裝或冷凍的水果蔬菜，確認產品沒有加糖，而且不含像是防腐劑和其他與加工過程相關的添加物等化學物質。

- **起司：**在你看見允許食用一片起司時，請注意建議的尺寸是3英吋半見方（約9公分正方大小）。如果沒有另外指明的話，你可以選擇任何你想要的起司種類。
- **零食：**每一種零食都附有建議供你做選擇。你不需要堅持選那些列在清單中的種類；你可以從零食章節中選出替代品，或是選擇沒有列在書中的零食，只要它們能遵守當時的零食類型需求準則（動物性食品相對於植物性食品）。
- **正餐／食譜的重複性：**你可以隨你高興，想吃多少同樣的食物就吃多少，或者每次都用相同的食譜烹飪。不過我強烈建議，你最好讓你的食物選擇多樣化，並嘗試新的食物。多樣化能讓事物保持新鮮感和刺激，同時防止可能導致你偏離、最終脫離計畫的食物厭倦發生。
- **食譜的調整：**如果有必要時，請隨意更改食譜。你可能會過敏或有對食物的偏好，或者你的雞肉三明治裡不想放起司。沒問題，就拿掉它吧。只要你在進行替換或排除時，遵循植物性飲食行動準則，你就平安無事。
- **加速轉換：**你或許想直接一開始從第一週就少吃些動物性食品。那不是問題。你隨時可以減少你的動物性食品點數，但是你不能讓它們增加到超過該週的最高建議限度。
- **乳製品的例外：**如果你決定要來一盤大部分是植物性、但有少量乳製品的菜餚（比如像是抹在吐司上的優格、兩湯匙茅屋起司（cottage cheese）、半杯加在早餐穀片裡的牛奶），別擔心動物性食品點數。相對來說，那樣的分量是無關緊要的。如果你決定要當個純粹主義者，那就將乳製品算成半點。不過別為這個為難自己。

Chapter 4

吃素潮計畫——5 日熱身期

PLANT POWER FIVE-DAY WARM-UP

任何曾在寒冷氣候地區居住過的人，都會很敏銳地察覺，在冬季時節，你很難將車子發動、立刻轉換成駕駛模式並出發。一開始你要讓引擎暖機幾分鐘；然後，當一切開始運轉而且引擎也似乎準備就緒，你繼續進行到換檔並開車上路。這是我們在吃素潮計畫，還有你的飲食最終轉換上會採用的方式。

本章的5日餐點計畫是給你的暖身，基本上能讓你的引擎在油門全開、踏上4週餐點計畫前準備就緒。利用接下來的5天讓自己為即將進行的轉變準備好。準備工作不只是生理方面的，還有心理上的，關於你吃的東西還有你如何活動。我設計這個熱身期以便讓你能達到上述兩項目標，而且你將不會在實行完整的第一週餐點計畫時感到心煩意亂。

仔細瞭解接下來5天列出的菜單品項，並決定你不同的正餐想要什麼選項。另外，利用第十章羅列的零食表，做出一張你將會食用零食的清單。確定你盡可能平均地選出動物性與植物性零食的組合。一旦做好決定並將它們寫下來，你就可以設計量身訂做的採購清單，以便接下來5天能成功取得所有食物。你也能根據你所選擇的正餐和零食，在外用餐或者點外賣。

在接下來的5天中保持冷靜，對這一場改變人生的旅程興奮地打開心胸，最重要的是，玩得愉快！

熱身期的行動準則

- 起床後的兩小時不要吃任何東西；就寢前兩小時內也不要吃任何東西。
- 在咬下或嚥下第一口正餐之前，你一定要喝1杯水（約237毫升）；在整個用餐期間，你一定要喝完第二杯水。
- 你一天可以喝兩杯咖啡，但所含的總熱量不能超過50卡。
- 每一天，你必須走／跑總計一萬步（約8公里）；如果你要做更多運動更好，但至少要有一萬步。不需要一次完成所有步數；你只需要在一天結束時達到總計一萬步。你可以在手機上下載能追蹤步數的免費健身應用程式。
- 你可以不受限制地飲用白開水或水果風味水。
- 你可以將某一天的餐點與另一天的交換，但試著將這麼做的次數減少到5天內不超過3次。

- 如果有些列在菜單上的品項你不喜歡、會過敏，或者無法取得，你可以做出替換，但必須在品質、分量，還有食物分類上與被替換物相同（你不可以把一塊魚換成起司漢堡。）
- 你每天可以喝1杯新鮮果汁和兩杯新鮮現搾的檸檬水。
- 每天都可以無限制地飲用泡製的純花草茶（這不包括茶店的即時飲用和加味茶選項，因為它們通常含有額外添加的脂肪和糖。）
- 不受限制地使用香料（每日添加在食物裡或者是加工食品中所含的鹽，必須維持在1500毫克或更少）。
- 這5天內的油炸食物不得超過3份。
- 至於酒精性飲料，你被容許每天喝1杯雞尾酒，或者每天2份啤酒或紅酒。請記住，1份酒是5液量盎司（約148毫升）。
- 限制你的白麵包攝取量，轉而以含更多全穀類或全麥的麵包替代。
- 禁止食用精製的白義大利麵。
- 限制你對汽水和無糖汽水的攝取，或者完全排除它們。

第1日

第一餐

從以下選項中擇一：

- 1杯蛋白質奶昔（熱量小於等於350卡，不加糖）
- 1杯水果果昔（熱量小於等於350卡，不加糖）
- 2個搭配蔬菜和起司的炒蛋

零食

- 熱量小於等於150卡

第二餐

- 大份的綠色蔬菜沙拉，搭配3湯匙油醋醬汁（可選擇品項：4顆橄欖、3盎司切碎的起司、6顆櫻桃番茄、1/4杯堅果、半杯水煮蛋；禁用培根、禁用油煎麵包丁、禁用火腿）
- 1杯半的湯（可選擇品項：黑豆湯、白腰豆湯、玉米湯、蔬菜湯、番茄湯、味增湯，或是洋蔥湯）

零食

- 熱量小於等於150卡

第三餐

從以下選項中擇一：

- 4份蔬菜，生的或煮熟的（1份一般來說是你的拳頭大小）
- 1杯煮熟的全穀類義大利麵拌無肉番茄醬，加上1份混入義大利麵內的蔬菜
- 2杯湯搭配小份的綠色蔬菜花園沙拉（湯的選項：黑豆湯、白腰豆湯、番茄湯、西班牙冷湯、扁豆湯、鷹嘴豆湯、蔬菜湯、夏南瓜湯、豌豆湯、高麗菜湯；禁用含大量奶油或馬鈴薯的湯）

第2日

第一餐

從以下選項中擇一：

- 1杯蛋白質奶昔（熱量小於等於350卡，不加糖）
- 1杯水果果昔（熱量小於等於350卡，不加糖）
- 1杯8盎司用低脂原味希臘優格製作的優格百匯，搭配1/4杯烘烤酥脆穀麥片或堅果，還有1/3杯莓果
- 1個水果盤（包括3份水果）
- 1杯冷或熱的早餐穀片，搭配1杯牛奶和半杯莓果，或半根切片的香蕉

零食

- 熱量小於等於150卡

第二餐

- 大份綠色沙拉，搭配3湯匙油醋醬汁（可選擇品項：4顆橄欖、3盎司切碎的起司、6顆櫻桃番茄、1/4杯堅果、半個水煮蛋；禁用培根、禁用油煎麵包丁、禁用火腿）
- 用100%全穀類或100%全麥麵包做的雞肉或火雞肉三明治，搭配番茄、生菜，還有非必要的起司及2茶匙你自選的調味品

零食

- 熱量小於等於150卡

第三餐

從以下選項中擇一：

- 4份蔬菜，生的或煮熟的
- 大份綠色沙拉，搭配3湯匙油醋醬汁（可選擇品項：4顆橄欖、3盎司切碎的起司、6顆櫻桃番茄、1/4杯堅果、半個水煮蛋；禁用培根、禁用油煎麵包丁、禁用火腿）
- 2小片披薩，搭配小份綠色蔬菜花園沙拉

第3日

第一餐

從以下選項中擇一：

- 1杯燕麥片搭配你自選的水果
- 1 杯水果果昔（熱量小於等於 350 卡，不加糖）
- 大份的水果盤（例如：半個切片的蘋果、半個切片的葡萄柚、3 片檸檬；不過任何水果都可以）
- 用 2 顆蛋、3 盎司（約 85 克）起司，還有切碎的蔬菜做的歐姆蛋
- 2 片全穀類鬆餅（直徑約 12.7 公分），搭配 2 片火雞肉或豬肉培根及半杯莓果

零食

- 熱量小於等於 150 卡

第二餐

從以下選項中擇一：

- 4份煮熟或生的蔬菜
- 1 杯半的湯（湯的選項：黑豆湯、白腰豆湯、番茄湯、西班牙冷湯、扁豆湯、鷹嘴豆湯、蔬菜湯、夏南瓜湯、豌豆湯、高麗菜湯；禁用含大量奶油或馬鈴薯的湯）
- 大份綠色沙拉，搭配 3 湯匙油醋醬汁（可選擇品項：4 顆橄欖、3 盎司〔約 85 克〕切碎的起司、6 顆櫻桃番茄、1/4 杯堅果、半個水煮蛋；禁用培根、禁用油煎麵包丁、禁用火腿）

零食

- 熱量小於等於 150 卡

第三餐

從以下選項中擇一：

- 4 份蔬菜，生的或煮熟的，搭配 1 杯糙米飯
- 2 杯雞肉和蔬菜，與半杯糙米或白米同炒
- 1 杯蛋白質奶昔（熱量小於等於 350 卡，不加糖）
- 大份綠色沙拉，搭配 3 湯匙油醋醬汁（可選擇品項：4 顆橄欖、3 盎司〔約 85 克〕切碎的起司、6 顆櫻桃番茄、1/4 杯堅果、半個水煮蛋；禁用培根、禁用油煎麵包丁、禁用火腿）
- 1 杯半煮熟的全麥義大利麵拌無肉番茄醬，加上 1 份混入義大利麵內的蔬菜

第一餐

從以下選項中擇一：

- 1 杯蛋白質奶昔（熱量小於等於 350 卡，不加糖）
- 1 杯水果果昔（熱量小於等於 350 卡，不加糖）
- 大份的水果盤（半個切片的蘋果、半個切片的葡萄柚、3 片檸檬）
- 1 杯半的冷早餐穀片，搭配 1 杯低脂牛奶和 1 份水果
- 1 杯 8 盎司（約 237 毫升）的優格芭菲（yogurt parfait），用低脂原味希臘優格搭配 $^1/_4$ 杯烘烤酥脆穀麥片或堅果，還有 $^1/_3$ 杯莓果

零食

- 熱量小於等於 150 卡

第二餐

- 大份綠色沙拉，搭配 3 湯匙油醋醬汁（可選擇品項：4 顆橄欖、3 盎司（約 85 克）切碎的起司、6 顆櫻桃番茄、$^1/_4$ 杯堅果、半個水煮蛋；禁用培根、禁用油煎麵包丁、禁用火腿）
- 1 杯半的湯（湯的選項：黑豆湯、白腰豆湯、番茄湯、西班牙冷湯、扁豆湯、鷹嘴豆湯、蔬菜湯、夏南瓜湯、豌豆湯、高麗菜湯；禁用含大量奶油或馬鈴薯的湯）
- 1 個用全穀類墨西哥薄餅製作的無肉墨西哥捲餅（豆子、糙米、酪梨醬、切碎的起司）

零食

- 熱量小於等於 150 卡

第三餐

從以下選項中擇一：

- 4 份蔬菜，生的或煮熟的，搭配 1 杯糙米飯
- 1 杯蛋白質奶昔（熱量小於等於 350 卡，不加糖）
- 1 杯煮熟的全穀類義大利麵拌無肉番茄醬，加上 1 份混入義大利麵內的蔬菜
- 1 塊 6 盎司（約 170 克）燒烤或烘烤的雞肉或魚肉，搭配 2 份蔬菜

第5日

第一餐

從以下選項中擇一：

- 1 杯蛋白質奶昔（熱量小於等於350卡，不加糖）
- 1 杯水果果昔（熱量小於等於 350 卡，不加糖）
- 大份的水果盤（半個切片的蘋果、半個切片的葡萄柚、3片檸檬）
- 1 杯半冷或熱的早餐穀片，搭配 1 杯低脂牛奶和1塊水果

零食

- 熱量小於等於150卡

第二餐

- 大份綠色沙拉，搭配 3 湯匙油醋醬汁（可選擇品項：4 顆橄欖、3 盎司〔約 85 克〕切碎的起司、6 顆櫻桃番茄、1/4杯堅果、半個水煮蛋；禁用培根、禁用油煎麵包丁、禁用火腿）
- 1 杯半的湯（湯的選項：黑豆湯、白腰豆湯、番茄湯、西班牙冷湯、扁豆湯、鷹嘴豆湯、蔬菜湯、夏南瓜湯、豌豆湯、高麗菜湯；禁用含大量奶油或馬鈴薯的湯）
- 1 杯蛋白質奶昔（熱量小於等於350卡，不加糖）
- 1 個用全穀類小圓麵包做的素食漢堡，搭配生菜、番茄、起司（可加可不加），還有 2 茶匙你自選的調味品

零食

- 熱量小於等於150卡

第三餐

從以下選項中擇一：

- 4份蔬菜，生的或煮熟的
- 1 杯蛋白質奶昔（熱量小於等於350卡，不加糖）
- 1 杯煮熟的全穀類義大利麵拌無肉番茄醬，加上 1 份混入義大利麵內的蔬菜
- 1 塊 6 盎司（約 170 克）燒烤或烘烤的雞肉或魚肉，搭配2份蔬菜

Chapter 5

吃素潮計畫——第 1 週

WEEK ONE

現在你已經完成5日熱身，讓你的車穩定在良好、流暢的道路上，是該稍微多踩點油門的時候了。本週是你正式開始從動物性飲食轉換到植物性飲食的一週。我已經為這個計畫增加許多彈性，所以確認你已仔細閱讀第三章中的行動準則。盡你所能遵循餐點計畫，但如果你沒有完全成功，也不用太過焦慮。這是一個過程，記住，學習的很大一部分是犯錯，這些錯誤將教導你寶貴的一課。為了便利和清楚起見，我用（ABF）標示那些被容許包含在正餐和零食中的動物性食物。如果正餐或零食中沒有任何食物被標記，那麼就會被認為只包括了植物性食物。這是適用於完整4個星期的計畫。讓我們開始吧！

第一餐（ABF）

從以下選項中擇一：

- 1 杯半冷或熱的早餐穀片，搭配 1 杯低脂牛奶
- 2個搭配切丁蔬菜和起司的炒蛋
- 2 片全麥鬆餅（直徑約 12.7 公分）和2片火雞肉或豬肉培根

第一份零食

從以下選項中擇一或從第十章的植物性零食中選擇：

- 6顆腰果
- 12顆巧克力杏仁果或原味杏仁
- 1個加了一小撮鹽的中型番茄
- 3片搭配黑豆莎莎醬的烤茄子
- 1杯草莓

第二餐（ABF）

從以下選項中擇一：

- 用 100%全穀類或 100%全麥麵包做的雞肉或火雞肉三明治，搭配生菜、番茄，還有起司與1湯匙芥末或美乃滋
- 用全穀類小圓麵包做的 5 盎司（約 142 克）牛肉或火雞肉漢堡，搭配生菜、番茄、起司，還有洋蔥與 1 湯匙番茄醬或美乃滋

植物性飲食的興起

- 現今有 53%的美國家庭食用植物性食物。
- 去年有 35%的美國人已經開始食用植物性肉類。其中 90%表示他們會再次食用。
- 遵循植物性飲食的美國人口總數，從過去 15 年的將近 940 萬人，增加到超過 970 萬人。然而，宣稱自己是「純素主義者」或「素食主義者」的人數變動不大，在大約 3%左右徘徊。
- 美國植物性食物從西元 2018 年到 2019 年的零售已增加 11%，植物性飲食的食物或食品市值達到 45 億美金，大幅超過其他食品的銷售額。
- 與去年同期相比，「新手植物性菜餚食譜」的網路搜尋增加了 85%。

第二份零食

從以下選項中擇一或從第十章的植物性零食中選擇：

- $^{1}/_{3}$杯芥末青豆（wasabi peas）
- 6顆杏桃乾
- 2根芹菜梗
- 1杯小番茄
- 1 個切片的奇異果，搭配半杯燕麥穀片

第三餐（ABF）

- 1 塊 6 盎司（約 170 克）的魚（去皮，非油炸），搭配半杯糙米飯和 1份蔬菜

- 1塊6盎司（約170克）的雞肉（去皮，非油炸），搭配半杯糙米飯和1份蔬菜
- 1塊6盎司（約170克）的火雞肉（去皮，非油炸），搭配半杯糙米飯和1份蔬菜

第三份零食

從以下選項中擇一或從第十章的植物性零食中選擇：

- 2條冷凍水果棒（不加糖）
- 3杯氣爆爆米花
- 10顆黑橄欖
- 半杯藜麥或糙米飯
- 5根迷你胡蘿蔔和3湯匙鷹嘴豆泥

第2日

第一餐

從以下選項中擇一：

- 1個純素藍莓英式鬆餅和1份水果
- 1杯無乳製品奇亞籽布丁
- 有3到4份水果的新鮮水果拼盤

- 2片100%全穀類或100%全麥吐司，搭配2湯匙杏仁醬

第一份零食（ABF）

從以下選項中擇一或從第十章的動物性零食中選擇：

- 半杯低脂或脫脂原味希臘優格，搭配少許肉桂和1茶匙蜂蜜
- 1個水煮蛋，搭配「everything bagel seasoning」萬用調味料

- 火雞肉捲：將 4 片煙燻火雞肉捲起，蘸蜂蜜芥末醬
- 6 顆大號蛤蜊
- 3 片塗抹少許有機花生醬的餅乾

第二餐（ABF）

從以下選項中擇一：

- 6 盎司（約 170 克）雞胸肉，搭配橄欖油、朝鮮薊、大蒜、橄欖還有你自選的香草，用長柄煎鍋烹煮
- 1 杯半全麥義大利麵，與義式番茄肉醬一起烹煮
- 1 杯半的雞湯麵或法式龍蝦濃湯，或蛤蜊濃湯，還有半杯糙米飯或白米飯

第二份零食（ABF）

從以下選項中擇一或從第十章的動物性零食中選擇：

- 6 顆牡蠣
- 2 盎司（約 57 克）全瘦烤牛肉
- 黃瓜三明治：將 2 湯匙茅屋起司和 3 片黃瓜放到半個英式鬆餅上
- 50 個金魚小餅乾

- 1 個小的巧克力布丁

第三餐（ABF）

從以下選項中擇一：

- 3 個牛肉米飯餡的恩潘納達餡餅和小份的綠色蔬菜田園沙拉
- 2 小片羊排搭配 2 份蔬菜
- 1 塊 6 盎司（約 170 克）的魚肉或雞肉，搭配 3/4 杯糙米飯和 1 份蔬菜

第三份零食

從以下選項中擇一或從第十章的植物性零食中選擇：

- 淋上莎莎醬的烤小馬鈴薯
- 3/4 杯加少許海鹽的烤花椰菜
- 1 杯半的新鮮水果沙拉
- 半根大號的黃瓜切成條狀或圓片，用 2 湯匙鷹嘴豆泥做蘸料
- 1 杯 Cheerios 穀片

第3日

第一餐（ABF）

從以下選項中擇一：

- 大份的沙拉，上面放3盎司（約85克）切成片的魚肉或雞肉
- 6盎司（約170克）牛排搭配2份蔬菜
- 2小片披薩搭配2份蔬菜

第一份零食

從以下選項中擇一或從第十章的植物性零食中選擇：

- 2根芹菜條和2湯匙有機花生醬
- 1杯半的新鮮水果沙拉
- 1/3杯無糖蘋果醬和半杯乾的早餐穀片
- 1個中型紅甜椒切片，搭配1/4杯酪梨醬
- 半個酪梨，搭配番茄丁和少許胡椒

第二餐（ABF）

從以下選項中擇一：

- 用全穀類小圓麵包做的5盎司（約142克）牛肉或火雞肉漢堡，搭配生菜、番茄、起司、洋蔥，還有2茶匙你自選的調味料
- 用100%全穀類或全麥麵包做的烤牛肉三明治，搭配起司、生菜、番茄，還有2茶匙你自選的調味料
- 鷹嘴豆泥雞肉沙拉：取1碗，將3/4杯切丁或剁碎的熟雞肉和1/3杯

注意鈉含量

消費者在看到低鈉、減鈉，還有類似字眼的時候需要小心。除非有脈絡可循，還有明確的數字定義，否則這些字眼沒有任何意義。以下是確定商品描述符合實際數字的指南。

低鈉——每份的鈉含量少於或等於140毫克

極低鈉——每份的鈉含量少於或等於35毫克

無鹽／無鈉——每份的鈉含量少於5毫克

鷹嘴豆泥在碗中混合。塗抹在 2 片 100%全穀類或 100%全麥麵包上。

第二份零食（ABF）

從以下選項中擇一或從第十章的動物性零食中選擇：

- 4 片火雞肉和 1 顆切成片的中型蘋果
- 4 盎司（約 113 克）用生菜包起來的雞胸肉，淋上蒔蘿芥茉醬
- 7顆填塞了藍紋起司的橄欖
- 4 個肉餡底的鍋貼，蘸 2 茶匙薄鹽醬油
- 淋上莎莎醬的烤小馬鈴薯

第三餐

從以下選項中擇一：

- 2小片披薩搭配2份蔬菜
- 炒蔬菜搭配豆腐
- 花椰菜排或蘑菇排，搭配地瓜或烤地瓜條

第三份零食（ABF）

從以下選項中擇一或從第十章的植物性零食中選擇：

- 1片瑞士起司和8顆橄欖
- 半杯低脂天然香草冰淇淋或雪酪
- 1罐水浸鮪魚，瀝乾並依口味調味
- 10顆煮熟的貽貝
- 半杯罐裝蟹肉

第一餐（ABF）

從以下選項中擇一：

- 1份義大利蛋餅（約12.7×7.6×2.54公分）
- 2 個比利時鬆餅，搭配 2 片火雞肉或豬肉培根，還有 1 湯匙 100%楓糖漿
- 1 杯以乳製品製作的蛋白質奶昔（熱量小於等於300卡，不加糖）

- 用 100%全穀類或 100%全麥麵包製作的燒烤起司培根三明治

第一份零食

從以下選項中擇一或從第十章的植物性零食中選擇：

- 15 片冷凍香蕉片（通常是 1 根大的香蕉）
- 11 片天然藍玉米脆片
- 2 杯氣爆爆米花
- 2 片方形全麥餅乾和 1 茶匙有機花生醬，灑上肉桂
- 半杯酪梨，搭配番茄丁和少許胡椒

第二餐（ABF）

從以下選項中擇一：

- 1 杯半的海鮮湯（蛤蜊濃湯、法式龍蝦濃湯、魚肉濃湯、馬賽魚湯等等）
- 2 小片披薩，搭配小份的綠色蔬菜田園沙拉
- 塗抹在 1 片全穀類或全麥吐司上的蛋沙拉（用 2 個水煮蛋、低脂美乃滋、蒔蘿、芥末、細香蔥、鹽還有胡椒製作蛋沙拉。）

第二份零食

從以下選項中擇一或從第十章的植物性零食中選擇：

- 1 個中型芒果
- 25 顆冷凍無籽葡萄
- 20 顆中號櫻桃
- 5 片墨西哥玉米片和 1/3 杯酪梨醬
- 1 杯半米香

第三餐（ABF）

從以下選項中擇一：

- 番茄青醬義大利麵：將 5 顆對半切開的小番茄放入加了橄欖油的長柄煎鍋，用中火烹煮到變軟，再加入 1 杯煮熟的全麥筆管麵、2 湯匙義大利青醬還有切成丁的熟雞肉混合
- 鮮蝦沙拉；將 4 隻蝦放入長柄煎鍋以中火烹煮，然後加入半杯玉米、半杯黑豆、鹽及胡椒。煮 3 到 5 分鐘，然後放涼

- 牛肉墨西哥捲餅（牛絞肉或牛排、米、起司、豆子、酸奶油），搭配小份的綠色蔬菜田園沙拉

第三份零食

- 從以下選項中擇一或從第十章的植物性零食中選擇：
- 1個大蘋果切片，灑上肉桂
- 1杯半的新鮮水果沙拉
- 6顆無花果乾
- 20顆葡萄搭配15顆花生
- 西瓜沙拉：1杯生菠菜搭配 $^{2}/_{3}$ 杯切成丁的西瓜，灑上1湯匙的巴薩米克醋調味

第5日

第一餐

從以下選項中擇一：

- 1杯奶油小麥和半杯莓果
- 1杯半冷的早餐穀片，搭配1杯杏仁奶或豆漿，以及1份水果
- 柑橘沙拉：將半個葡萄柚和半個橙子切成圓片並擺放在盤子上。舀2湯匙低脂或脫脂原味優格淋在切片的柑橘水果上並灑上2茶匙蜂蜜

第一份零食

- 從以下選項中擇一或從第十章的植物性零食中選擇：
- 5顆填塞了5顆完整杏仁的去核椰棗
- 半杯無糖蘋果醬與10顆切半胡桃混合
- $^{1}/_{4}$杯低脂烘烤酥脆穀麥片
- 1杯淋上2湯匙脫脂沙拉醬的生菜
- 3塊烘烤馬鈴薯條（搭配噴霧式食用油烘烤）

第二餐（ABF）

從以下選項中擇一：

- 鮪魚酪梨醬沙拉：將1罐水浸鮪魚瀝乾並和2茶匙新鮮檸檬汁、1/4顆酪梨（搗成泥），還有少許鹽及胡椒混合。將混合物舀到用2杯綠色葉菜、小番茄、1/4 杯切成片的紅洋蔥及 1/4 杯切成片的胡蘿蔔做成的基底上。
- 用全穀類小圓麵包做的5盎司（約142克）火雞肉、雞肉，或牛肉漢堡，搭配生菜、番茄、洋蔥，還有起司與小份的蔬菜沙拉
- 花生醬雞肉三明治：將1湯匙有機花生醬塗抹在1片100%全麥或100%全穀類的麵包上，然後在上面放上1/4杯剁碎的熟雞肉、1茶匙新鮮羅勒或香菜，還有少許鹽，灑上特級初榨橄欖油

動物性蛋白質帶來的不利因素

已經有許多研究將攝取紅肉與第二型糖尿病的發展連結在一起。根據 NutritionFacts.org 這個網站的說法，飲食中有大量動物性蛋白質的人（超過 13%的熱量來自動物性蛋白質），死於糖尿病的風險要比植物性飲食者高出73倍。有節制地食用動物性蛋白質的人（6.5%到 12.5%的熱量來自動物性蛋白質），死於糖尿病的風險則比植物性飲食者高出23倍。

第二份零食（ABF）

從以下選項中擇一或從第十章的動物性零食中選擇：

- 3盎司（約85克）煮熟的新鮮蟹肉
- 半杯罐裝蟹肉
- 3片塗抹少量有機花生醬的餅乾
- 4個煮熟的大號扇貝
- 半杯低脂茅屋起司，搭配 1/4 杯新鮮切片鳳梨

第三餐（ABF）

從以下選項中擇一：

- 6盎司（約 170 克）塗抹過柑橘的鮭魚，搭配蘆筍和半杯糙米飯
- 1杯半櫛瓜麵，搭配義大利青醬和3盎司（約85克）雞肉丁
- 1片烤豬排，搭配2份蔬菜

第三份零食（ABF）

從以下選項中擇一或從第十章的動物性零食中選擇：

- 1片瑞士起司和8顆橄欖
- 半杯低脂天然香草冰淇淋或雪酪
- 1罐水浸鮪魚，瀝乾並依口味調味
- 10顆煮熟的貽貝
- 半杯罐裝蟹肉

第一餐（ABF）

從以下選項中擇一：

- 2 個比利時鬆餅，搭配 2 片火雞肉或豬肉培根，還有 1 湯匙 100%楓糖漿
- 2 顆雞蛋搭配切丁的蔬菜和 3 湯匙切碎的起司或1片起司製作的歐姆蛋
- 1 杯水果果昔（熱量小於等於 350 卡，不加糖）

第一份零食

從以下選項中擇一或從第十章的植物性零食中選擇：

- 15片冷凍香蕉片（通常是1根大的香蕉）

- 11片天然藍玉米脆片
- 2杯氣爆爆米花
- 2 片方形全麥餅乾和 2 茶匙堅果醬，灑上肉桂
- 半杯迷你椒鹽蝴蝶餅和1茶匙蜂蜜芥末醬

第二餐（ABF）

從以下選項中擇一：

- 放在 100%全穀類或 100%全麥麵包上的鮪魚沙拉
- 1 杯半的湯（黑豆湯、玉米餅湯和雞湯，或者是雞湯麵）
- 1 塊 6 盎司（約 170 克）的雞肉（去皮）或魚肉，搭配半杯米飯和 1 份蔬菜

第二份零食

從以下選項中擇一或從第十章的植物性零食中選擇：

- 1/4杯杏仁

- 半杯去殼開心果
- 16顆腰果
- 2個中型油桃
- 半杯烤鷹嘴豆

第三餐（ABF）

從以下選項中擇一：

- 1杯半煮熟的全穀類義式細麵和3個高爾夫球大小的牛肉或火雞肉肉丸，搭配義式番茄醬
- 2片羊排和2份蔬菜
- 1塊6盎司（約170克）燒烤去皮雞胸肉或烤魚，半杯糙米飯，還有1份蔬菜

第三份零食

- 從以下選項中擇一或從第十章的植物性零食中選擇：
- 半個中型酪梨，擠上少許萊姆汁並灑上一點海鹽
- 1個中型紅甜椒切片，搭配1/4杯酪梨醬
- 21顆生杏仁
- 1杯甜豌豆搭配3湯匙鷹嘴豆泥
- 10顆切半核桃和1個切成片的奇異果

第一餐（ABF）

從以下選項中擇一：

- 2片鬆餅（直徑約12.7公分），搭配2片火雞肉或豬肉培根
- 1份8盎司（約237毫升）的低脂優格芭菲，搭配烘烤酥脆穀麥片和莓果
- 2個炒蛋，搭配起司和半杯莓果或1份水果

第一份零食（ABF）

從以下選項中擇一或從第十章的動物性零食中選擇：

- 4 片火雞肉和一顆切成片的中型蘋果
- 4 盎司（約 113 克）用生菜包裹的雞胸肉，淋上蒔蘿芥末醬
- 7 顆用 1 湯匙藍紋起司填塞的橄欖
- 4 個肉餡底的鍋貼，蘸 2 茶匙薄鹽醬油
- 淋上莎莎醬的烤小馬鈴薯

第二餐（ABF）

從以下選項中擇一：

- 用全穀類小圓麵包製作的 5 盎司（約 142 克）牛肉或火雞肉漢堡，搭配生菜、番茄、起司還有洋蔥，以及 1 杯薯條
- 1 杯半的辣椒蔬菜湯或雞肉蔬菜湯，或蛤蜊濃湯和半杯糙米飯或白米飯
- 半個大墨西哥捲餅（搭配雞肉、牛排或手撕豬肉和豆子、起司、酸奶油），還有半杯糙米飯（將另外半個捲餅冷凍起來留做另一餐）

紅肉狂想曲

根據美國農業部的說法，西元 2020 年的每人紅肉攝取是 111 磅（約 50 公斤），這相當於 444 個 3/4 磅漢堡（也就是一天 1.2 個漢堡）。作爲這個事實的背景，世界癌症研究基金會建議將紅肉的攝取量限制在每週不超過 3 份、1 份 4 盎司（約 113 克）。這代表人們食用的紅肉量，超過專家所建議健康飲食中的肉類比例 3 倍有餘。不管怎麼樣，好消息是，這個紅肉攝取量的數字低於西元 2002 年的數字，當時美國人的每人紅肉攝取量將近 125 磅（約 57 公斤）。

第二份零食（ABF）

從以下選項中擇一或從第十章的植物性零食中選擇：

- 1 片瑞士起司和 8 顆橄欖
- 半杯低脂天然香草冰淇淋或雪酪
- 1 罐水浸鮪魚，瀝乾並依口味調味
- 10 顆煮熟的貽貝
- 半杯罐裝蟹肉

第三餐

從以下選項中擇一：

- 1杯半煮熟的全麥義大利麵，搭配烤番茄和其他你可能想吃的蔬菜
- 素食千層麵（約10×7.6×5公分）
- 黑豆墨西哥捲餅，搭配玉米、莎莎醬及酪梨醬

第三份零食

- 從以下選項中擇一或從第十章的植物性零食中選擇：
- 淋上莎莎醬的烤小馬鈴薯
- 3/4杯加少許海鹽的烤花椰菜
- 1杯半的新鮮水果沙拉
- 半根大號的黃瓜切成條狀或圓片，用2湯匙鷹嘴豆泥做蘸料
- 1杯 Cheerios 穀片

Chapter 6

吃素潮計畫——第 2 週

WEEK TWO

本週我們將進行轉換的第一步。在我們一開始將動物性餐點比例維持在70%之後，現在我們要把比例降低到55%。這並不是幅度很大的減少，因為策略的一部分就是會真實地做出削減，但也並非如此戲劇性到會讓你有剝奪感，或對動物性食物產生渴望。當改變逐漸發生時，身體出現的反應通常會更良好，給予你接受這個改變、將其當成一種全新生活方式作用的機會，而非轉瞬即逝，最終結束在改變發生前的生活固有軌跡。本週我們的動物性食物總點數將是18，這意思是平均每天的動物性食物點數是2.5。某些天可能會超過一點點，而某些天可能會少一點點，但在為期一週內，每日的平均點數結果將是2.5。

第一餐（ABF）

從以下選項中擇一：

- 2 片香蕉鬆餅或藍莓鬆餅（直徑 12.7 公分）和 1 份早餐肉（火腿或培根）
- 2個搭配3湯匙切碎起司的炒蛋
- 1 杯半冷或熱的早餐穀片，搭配 1 杯低脂牛奶和 1 份水果

第一份零食

從以下選項中擇一或從第十章的植物性零食中選擇：

- 半杯烤鷹嘴豆
- 淋上莎莎醬的烤小馬鈴薯

- 3杯氣爆爆米花
- 半杯杏桃乾
- 1杯半米香

第二餐（ABF）

從以下選項中擇一：

- 大份的沙拉，上面放3盎司（約85克）切成片的魚肉或雞肉
- 2個肉餡墨西哥煎玉米餅捲，搭配1份蔬菜或1份小的綠色蔬菜田園沙拉
- 1杯半雞湯麵，搭配3/4杯糙米飯

乳牛排放的廢氣會破壞環境

部分研究顯示，畜牧業占全球廢氣排放的18%，這比所有形式的運輸工具加起來還要多。乳牛和牠們巨大的胃袋是最大的罪魁禍首。牠們每天會產出1500億加侖的甲烷氣體，這種氣體在短期內對環境造成的毀滅性影響，比二氧化碳這個讓人畏懼的反派角色還要嚴重，因爲甲烷具有的暖化能力是二氧化碳的80倍，即使它在大氣中的存在時間只有大約十年，而二氧化碳則能夠存在數個世紀之久。當我們將努力的焦點集中在減少二氧化碳排放時，想想上述這些數字。那只是解決辦法的一部分，因爲乳牛未來還是會打嗝排氣，並將所有會毒害環境的甲烷排放到空氣中。

第二份零食

從以下選項中擇一或從第十章的植物性零食中選擇：

- 3/4杯烤鷹嘴豆
- 3/4杯烤黑豆
- 3個鷹嘴豆泥蔬菜捲
- 4顆杏桃乾搭配15顆乾烤杏仁
- 半杯無糖的無堅果什錦果仁

第三餐

從以下選項中擇一：

- 中東——香料米粒麵，搭配焦化茄子和甜椒（參見第174頁的食譜）
- 2杯素食西班牙海鮮飯

- 4份什錦烤蔬菜

第三份零食（ABF）

從以下選項中擇一或從第十章的動物性零食中選擇：

- 2 湯匙鷹嘴豆泥搭配 5 根迷你胡蘿蔔
- 2 湯匙鷹嘴豆泥搭配半根切片小黃瓜
- 1 個全穀類比利時鬆餅，上面搭配 2 湯匙低脂或脫脂原味優格和半杯莓果
- 熱墨西哥餡餅：將 1 片墨西哥玉米薄餅的一面用噴霧式食用油噴油，然後放入長柄煎鍋中。在餅上放入 1/4 杯墨西哥式乳酪絲，對半折起，兩面各烹煮數分鐘，直到起司融化、薄餅變得微微酥脆。如果想要的話，可以搭配2湯匙墨西哥沙拉醬或莎莎醬一起上桌
- 1 顆小的蘋果，切片並浸入半杯低脂茅屋起司中，灑上肉桂

第2日

第一餐

從以下選項中擇一：

- 1 杯半的隔夜燕麥，搭配奇亞籽和楓糖漿
- 上面放了鷹嘴豆泥和切片酪梨的全麥英式鬆餅，搭配1份水果
- 半個酪梨，搗成泥塗抹在 2 片 100%全穀類或100%全麥吐司上

第一份零食（ABF）

從以下選項中擇一或從第十章的動物性零食中選擇：

- 1 顆小的梨切片，並在上面塗抹 1 湯匙的杏仁醬
- 1/4 杯剁碎的雞胸肉搭配 2 湯匙切碎的低脂起司和莎莎醬，放在5片全麥餅乾上上桌
- 雞蛋辣醬三明治：將半杯煮熟的蛋白放在1個全穀類英式鬆餅上並淋上辣醬
- 花生醬巧克力方塊：將 2 茶匙絲滑天然花生醬或有機花生醬放在 0.4 盎司（約 11.3 克）的巧克力方塊上

- 1 顆甜味蘋果，例如金冠或富士，搭配熟成 6 到 9 個月的減脂切達起司條或 3/4 盎司（約 21 克）的起司片

第二餐（ABF）

從以下選項中擇一：

- 2 小片披薩，搭配你自選的配料和小份的綠色蔬菜田園沙拉
- 1 杯半的辣豆醬，搭配 3/4 杯糙米飯或白米飯
- 包在全麥墨西哥薄餅裡的火雞肉或雞肉，搭配切碎的胡蘿蔔、生菜、起司、番茄，還有2茶匙你自選的抹醬

第二份零食

從以下選項中擇一或從第十章的植物性零食中選擇：

- 1 杯半全素辣豆醬，上面放上切片的酪梨
- 3/4杯烤鷹嘴豆
- 3/4杯烤黑豆
- 3個鷹嘴豆蔬菜捲
- 1杯新鮮水果沙拉

第三餐（ABF）

從以下選項中擇一：

- 1塊6盎司（約170克）的魚肉或雞肉，搭配半杯煮熟的糙米飯和1份蔬菜
- 1 片燒烤或烘烤的豬排，搭配 2 份蔬菜

- 1 杯半的全穀類義大利寬麵，與青花菜、番茄，還有雞肉一起放在低熱量醬汁中烹煮

第三份零食

從以下選項中擇一或從第十章的植物性零食中選擇：

- 脫水肉桂蘋果：將3顆中型蘋果切成薄片。灑上肉桂。均勻地放在鋪了烘焙紙的烤盤上。放入170度的烤箱烘烤5到6個小時，每小時將蘋果片翻面一次，直到烤到棕色酥脆即可（食用1片蘋果片作為零食，剩下2片留著之後再吃。）
- 3湯匙番茄醬（1顆大番茄、半茶匙蒜泥、2湯匙橄欖油還有15顆杏仁，放進食物調理機攪拌至滑順）及4個楔形口袋餅
- 自製地瓜片：將2個地瓜切成薄片並放入1個碗中；混入2湯匙橄欖油和海鹽調味。將地瓜片放在鋪了鋁箔紙的烤盤上，在375度的烤箱內烘烤25到30分鐘，直到達到想要的酥脆程度為止（食用1片地瓜片作為零食，剩下的留著之後再吃）
- 半杯無糖的無堅果什錦果仁
- 2湯匙墨西哥豆泥蘸醬（非豬油製成）和5片墨西哥玉米片

第3日

第一餐

從以下選項中擇一：

- 1杯半的新鮮水果沙拉搭配1/4杯烘烤酥脆穀麥片
- 1杯半燕麥片搭配核桃、藍莓，還有肉桂
- 2片塗抹2湯匙杏仁醬的100%全穀類或100%全麥麵包

第一份零食

從以下選項中擇一或從第十章的植物性零食中選擇：

- 有機堅果棒或蛋白質能量棒（熱量小於等於150卡）
- 3/4杯烤鷹嘴豆
- 3/4杯墨西哥沙拉醬和5片墨西哥玉米片
- 3片搭配黑豆莎莎醬的烤茄子
- 1杯草莓

第二餐（ABF）

從以下選項中擇一：

- 2 盎司（約 57 克）火腿，放在 100%全穀類或 100%全麥麵包上，搭配生菜、番茄、1 片起司，還有 2 茶匙你自選的調味料
- 1 杯半的辣豆醬和小份的綠色蔬菜田園沙拉
- 1 片 6 盎司（約 170 克）的燒烤魚肉，搭配半杯米飯和 1 份蔬菜

纖維與你的心臟

已有許多探討纖維與心臟疾病間關係的研究，引導研究人員做出攝取大量膳食纖維與較低的心臟疾病發生風險有所關連的結論。在哈佛一項針對超過 4 萬名男性保健專業人員所進行的研究中，研究人員發現，高膳食纖維攝取總量與降低 40%冠狀動脈心臟疾病罹患風險相關；針對女性護理師的另一項研究也有類似發現。

纖維：成人每日建議攝取量

	50 歲及以下	51 歲及以上
男性	38 克	30 克
女性	25 克	21 克

第二份零食（ABF）

從以下選項中擇一或從第十章的動物性零食中選擇：

- 半杯低脂或脫脂原味希臘優格，搭配少許肉桂和 1 茶匙蜂蜜
- 1 個水煮蛋，搭配 everything bagel seasoning 萬用調味料
- 火雞肉捲：將 4 片煙燻火雞肉捲起，蘸 2 茶匙蜂蜜芥末醬
- 6 顆大號蛤蜊

第三餐（ABF）

從以下選項中擇一：

- 雞蛋辣醬三明治：將半杯煮熟的蛋白放在 1 個全穀類英式鬆餅上並淋上辣醬
- 1 個全穀類比利時鬆餅，淋上 2 湯匙低脂或脫脂原味優格和半杯莓果
- 1 顆小的蘋果，切片並浸入半杯低脂茅屋起司中，灑上肉桂
- 巧克力全麥餅乾：用 2 茶匙巧克力榛果抹醬塗抹在 2 片方形全麥餅乾上做成三明治

- 2盎司（約57克）全瘦烤牛肉

第三份零食

從以下選項中擇一或從第十章的植物性零食中選擇：

- 3/4杯烤鷹嘴豆
- 淋上莎莎醬的烤小馬鈴薯
- 3杯氣爆爆米花
- 半杯杏桃乾
- 1杯半米香

第一餐（ABF）

從以下選項中擇一：

- 2片全麥吐司搭配有機花生醬
- 2個搭配菠菜、起司、番茄，還有胡椒的炒蛋
- 8盎司（約237毫升）低脂原味希臘優格，搭配藍莓和切碎的核桃或胡桃

第一份零食

從以下選項中擇一或從第十章的植物性零食中選擇：

- 16片蘇打餅乾
- 半杯酪梨，搭配番茄丁和少許胡椒
- 21顆生杏仁
- 3/4杯加少許海鹽的烤花椰菜
- 10根浸在2湯匙低熱量沙拉醬中的迷你胡蘿蔔

第二餐（ABF）

從以下選項中擇一：

- 用100%全穀類或100%全麥麵包做的火雞肉或雞肉三明治，搭配生菜、番茄，還有起司跟2茶匙你自選的調味料

- 用 100%全麥小圓麵包做的雞肉漢堡，搭配生菜、番茄，還有起司跟小份的綠色蔬菜田園沙拉或1杯薯條
- 2 小片披薩，搭配你自選的配料和小份的綠色蔬菜田園沙拉

第二份零食（ABF）

從以下選項中擇一或從第十章的動物性零食中選擇：

- 1 根脫脂莫札瑞拉起司條搭配半顆切片的中型蘋果
- 1 個中型紅甜椒切片，搭配 2 湯匙軟質山羊起司（goat cheese）
- 半杯切丁的哈密瓜，淋上半杯低脂茅屋起司
- 3 盎司（約 85 克）水浸鮪魚，瀝乾並依口味調味
- 2盎司（約57克）全瘦烤牛肉

第三餐

從以下選項中擇一：

- 上面放了披薩醬、全素起司、菠菜，還有烤紅甜椒的花椰菜披薩
- 用蘑菇、黑豆和酪梨做的墨西哥玉米捲餅
- 1 杯半煮熟的鷹嘴豆義大利麵，搭配義式番茄醬和你自選的切丁蔬菜

第三份零食

從以下選項中擇一或從第十章的植物性零食中選擇：

- 3 片浸在天然果汁裡的圓形鳳梨片，不加糖
- 2個中型奇異果切片

- 3顆新鮮無花果
- 3到4湯匙櫻桃乾
- 1個灑上半茶匙糖的中型葡萄柚

第5日

第一餐（ABF）

從以下選項中擇一：

- 1 杯蛋白質奶昔（熱量小於等於300卡，不加糖）
- 1 個比利時鬆餅搭配 2 片火雞肉或豬肉培根和半杯莓果
- 1 個用 2 片起司放在 100%全穀類或 100%全麥麵包上做成的燒烤起司三明治，還有1份水果

第一份零食

從以下選項中擇一或從第十章的植物性零食中選擇：

- 25顆烤花生
- 2湯匙南瓜籽
- 2湯匙去殼葵花籽
- 半杯帶殼毛豆，用海鹽依口味調味
- 1 杯櫻桃蘿蔔，切片或切碎，淋上巴薩米克油醋醬

第二餐（ABF）

從以下選項中擇一：

- 包在全麥墨西哥薄餅裡的火雞肉或雞肉，搭配生菜、番茄還有起司，以及2茶匙你自選的調味料
- 1杯半的亞洲式牛肉麵
- 用墨西哥薄餅將黑豆搭配酪梨、番茄丁、生菜和糙米飯的餡料包起來

植物可以抵抗癌症

多年來，在癌症治療已獲得長足進展的情況下，大量的關注理所當然地轉而投注在癌症預防方面。在某些情況下，植物性食物可能會是神奇靈藥，這要歸因於這些食物裡所含有的植物營養素，像是維生素、礦物質以及纖維，其他還有抵抗癌症能力的化合物：次亞麻油酸（ALA）、木聚糖（lignans），以及g-生育醇（gamma-tocopherol）。全穀物的力量正源源不絕地湧現，已有一些研究顯示，每天食用6盎司（約170克）全穀類食品可能將罹患大腸直腸癌的風險減少21%。

第二份零食

從以下選項中擇一或從第十章的植物性零食中選擇：

- 半杯無糖什錦果仁
- 3 湯匙番茄醬（1 顆大番茄、半茶匙蒜泥、2 湯匙橄欖油還有 15 顆杏仁，放進食物調理機攪拌至滑順）及4個楔形口袋餅
- 4顆填塞了杏仁醬的椰棗
- 12顆巧克力杏仁果
- 17個半顆胡桃

第三餐（ABF）

從以下選項中擇一：

- 2 杯火雞肉辣豆醬湯搭配半杯糙米飯或白米飯
- 大份的沙拉，上面放3盎司（約85克）切成片的牛排、雞肉或魚肉
- 1 杯半的全麥義大利麵，搭配蔬菜和3盎司（約85克）切成片的雞肉或魚肉

第三份零食

從以下選項中擇一或從第十章的植物性零食中選擇：

- 希臘式番茄：將 1 個中型番茄切碎，與1湯匙菲達起司和一點擠出來的檸檬汁混合；如果想要的話可以灑上一些奧勒岡香料
- 1 杯切片的櫛瓜（想要的話可以稍加烘烤），依口味用鹽調味
- 羽衣甘藍脆片：將1茶匙橄欖油加進 $^{2}/_{3}$ 杯略切碎的生羽衣甘藍裡，倒在烤盤上鋪開，以400度烘烤至酥脆
- $^{1}/_{4}$杯裝得鬆散的葡萄乾
- 1顆石榴

第一餐

從以下選項中擇一：

- 1 杯半的全穀類早餐穀片，搭配 1 杯燕麥奶、豆漿或杏仁奶，以及 1 份莓果
- 半個酪梨，搗成泥塗抹在 2 片 100%全穀類或100%全麥吐司上
- 1杯半的隔夜燕麥搭配新鮮水果
- 3到4份水果

第一份零食

從以下選項中擇一或從第十章的植物性零食中選擇：

- 2條冷凍水果棒（不加糖）
- 3杯氣爆爆米花
- 10顆黑橄欖
- 半杯藜麥或糙米飯
- 5根迷你胡蘿蔔和3湯匙鷹嘴豆泥

第二餐（ABF）

從以下選項中擇一：

- 1杯半奶油番茄湯
- 1杯半雞湯麵
- 用100%全穀類或100%全麥麵包做的雞肉或火雞肉總匯三明治，搭配生菜、番茄、洋蔥還有起司，以及2茶匙你自選的調味料

第二份零食

從以下選項中擇一或從第十章的植物性零食中選擇：

- 3/4杯烤鷹嘴豆
- 2杯切塊的西瓜
- 4顆杏桃乾搭配15顆乾烤杏仁
- 半顆小蘋果切片，搭配2茶匙有機花生醬
- 脫水肉桂蘋果：將3顆中型蘋果切成薄片。灑上肉桂。均勻地放在鋪了烘焙紙的烤盤上。放入170度的烤箱烘烤5到6個小時，每小時將蘋果片翻面一次，直到烤到棕色酥脆即可（食用1片蘋果片作為零食，剩下2片留著之後再吃）

第三餐

從以下選項中擇一：

- 綜合全穀餐（1杯藜麥或糙米飯、綠色蔬菜、蔬菜，淋上巴薩米克油醋醬）

- 全麥皮塔口袋餅（1個口袋餅切成兩半），裡面填塞鷹嘴豆泥和蔬菜
- 1杯半的燉煮蔬菜和鷹嘴豆，搭配3/4杯烤馬鈴薯

第三份零食

從以下選項中擇一或從第十章的植物性零食中選擇：

- 白腰豆沙拉：半杯白腰豆、擠出來的檸檬汁、1/4 杯番茄丁、4 片黃瓜片
- 3/4杯加少許海鹽的烤花椰菜
- 半顆中型酪梨，灑上一點點擠出來的檸檬汁和海鹽
- 3 湯匙番茄醬（1 顆大番茄、半茶匙蒜泥、2 湯匙橄欖油還有 15 顆杏仁，放進食物調理機攪拌至滑順）及4個楔形口袋餅

第7日

第一餐

從以下選項中擇一：

- 1 杯水果果昔（熱量小於等於 300 卡，不加糖）
- 8 盎司（約 237 毫升）豆奶優格，搭配烘烤酥脆穀麥片和草莓或藍莓（確認營養成分表，確保其中不含太多糖分：小於等於5克）
- 1杯奇亞籽布丁，搭配香蕉片

第一份零食

從以下選項中擇一或從第十章的植物性零食中選擇：

- 16片蘇打餅乾
- 半杯酪梨，搭配番茄丁和少許胡椒
- 21顆生杏仁
- 3/4杯加少許海鹽的烤花椰菜
- 10 根浸在 2 湯匙低熱量沙拉醬中的迷你胡蘿蔔

第二餐（ABF）

從以下選項中擇一：

- 6盎司（約170克）鮭魚搭配2份蔬菜或小份的沙拉
- 能量餐：將半杯切成丁的雞肉、半杯糙米飯、1/4 杯黃瓜丁、1/4 杯對半切開的小番茄、2 片酪梨薄片，還有2湯匙巴薩米克油醋醬組合在一個碗中
- 希臘沙拉，上面放 3 盎司（約 85 克）切成片的魚肉或雞肉

植物與你的腰圍

講到縮減腰圍方面，遵循植物性飲食的人是領先一步的。一篇針對12項包含人數超過1100人之研究的文獻回顧文章發現，比起分配到非植物性飲食的人，那些分配到植物性飲食的人減少的體重明顯較多——平均18週內減去大約4.5磅（2公斤）。對那些體重確實有下降，但需要努力維持體重的人，食用更多的植物性食物或許能奏效；該回顧文章發現，植物性飲食者不只減去更多體重，他們維持體重的時間還能比那些並未遵循植物性飲食的人更久。

第二份零食（ABF）

從以下選項中擇一或從第十章的動物性零食中選擇：

- 1根脫脂莫札瑞拉起司條搭配半顆切成片的中型蘋果
- 1個中型紅甜椒切片，搭配2湯匙軟質山羊起司
- 半杯切丁的哈密瓜，淋上半杯低脂茅屋起司
- 3盎司（約85克）水浸鮪魚，瀝乾並依口味調味
- 2盎司（約57克）全瘦烤牛肉

第三餐（ABF）

從以下選項中擇一：

- 1片6盎司（約170克）的大蒜檸檬香草雞肉，搭配烤蔬菜和半杯馬鈴薯
- 1杯半的全麥義大利麵，搭配切成丁的雞肉或魚肉
- 燒烤或烘烤豬排，搭配2份蔬菜

第三份零食

從以下選項中擇一或從第十章的植物性零食中選擇：

- 1杯櫻桃
- 2個小桃子
- ⅓ 杯芥末青豆
- 1根大的生胡蘿蔔
- 1杯綜合莓果

Chapter 7

吃素潮計畫——第 3 週

WEEK THREE

恭喜你，來到你朝著更偏向植物性飲食方式轉變的第3週。你應該已經開始感受到一些從食用更具植物力量的食物所帶來的好處。有些人回覆說感覺更有活力，還有反應較不遲緩，皮膚狀況改善，以及心智更為敏銳。本週，我們將再減少15點動物性食品攝取。這表示你的動物性食品總點數將會是13。這週重要的部分是專注在當你食用更多植物性食品時，你有多享受，還有你學到了多少。你是否發掘出你從未吃過，而且從來沒想過你會喜歡的新鮮菜餚？有沒有某些嚐起來跟你的預期大相徑庭的食物？本週的關鍵是做出心態上的改變，與其想著減少你的動物性食品，不如想想增加你的植物性食品，還有所有隨之而來的好處。非關你錯失了什麼；相反的，是關於你能得到些什麼。

第一餐（ABF）

從以下選項中擇一：

- 綠色蔬菜、蛋，還有火腿：取1碗，在碗裡的半杯糙米飯上放半杯炒羽衣甘藍、1份炒蛋，還有1片切碎的火雞肉或豬肉培根
- 蘋果吐司：將1湯匙你自選的堅果醬塗抹在1片100%全穀類或100%全麥吐司上，然後在上面放幾片蘋果薄片並灑上肉桂
- 覆盆莓奇亞籽百匯：將半杯覆盆莓和1湯匙奇亞籽搗成泥，接著加入8盎司（約237毫升）低脂或脫脂原味優格，再放上核桃或胡桃

第一份零食

從以下選項中擇一或從第十章的植物性零食中選擇：

- 蘆筍脆片：將 8 根蘆筍清洗乾淨並修剪整齊。在 1 碗中混合 1 湯匙半去殼葵花籽、半茶匙蒜粉、半顆檸檬的檸檬汁、$1/4$ 杯全麥麵包粉、少許研磨的胡椒，還有少許紅椒粉。將蘆筍放在烤盤上，並將上述麵包粉混合物均勻覆蓋在每根蘆筍上。放入 350 度的烤箱烘烤 20 到 30 分鐘，直到酥脆即可

- 6 片素食壽司捲
- 半杯小椒鹽蝴蝶餅和 2 湯匙鷹嘴豆泥
- 半杯煮熟的有機即食燕麥片，搭配莓果
- 20 片有機海苔

第二餐（ABF）

從以下選項中擇一：

- 雞肉生菜捲：在 1 碗中混合 3 盎司（約 85 克）煮熟的雞肉、半杯切碎的胡桃、$1/3$ 杯切碎的紅甜椒、$1/3$ 杯胡蘿蔔絲，還有 2 湯匙鷹嘴豆泥。將上述混合物塗抹在 2 片有機蘿蔓生菜葉上
- 腰果黃瓜沙拉：在 1 碗中混合 1 根去皮切丁的小黃瓜、半杯番茄丁、半杯腰果、半個萊姆汁、1 湯匙橄欖油，還有鹽和胡椒各少許
- 肉丸湯：烹煮 3 顆高爾夫球大小的火雞肉或牛肉肉丸，並加入 1 杯半的蔬菜湯

第二份零食

- 從以下選項中擇一或從第十章的植物性零食中選擇：
- 有機堅果棒或蛋白質能量棒（熱量小於等於 150 卡）
- 1 片烘烤的豆腐餅乾
- 2 勺雪酪
- 半杯烤羽扇豆
- $1/4$ 杯腰果搭配 $1/4$ 杯蔓越莓乾

第三餐

從以下選項中擇一：

- 烤蘑菇、朝鮮薊及蒲公英嫩葉蔬菜沙拉（參見第178頁的食譜）
- 4份烤蔬菜搭配1杯糙米飯
- 2杯炒蔬菜，使用你自選的蔬菜

第三份零食

從以下選項中擇一或從第十章的植物性零食中選擇：

- 3杯氣爆爆米花
- 1杯烘烤蘋果片
- 植物性餅乾（熱量小於等於 150 卡）
- 1根水果棒
- 1 根芹菜梗切成段，搭配 2 湯匙堅果醬

第2日

第一餐（ABF）

從以下選項中擇一：

- 2 片用 100%全穀類或 100%全麥麵包做的法式吐司及半杯莓果
- 3/4 杯麥麩薄片，搭配切片的香蕉、藍莓，還有減脂牛奶
- 培根燒烤起司三明治：在 2 片 100%全穀類或 100%全麥麵包的一面抹上奶油，然後放置在一旁。烹煮 3 片火雞肉或豬肉培根。將 1 片麵包塗了奶油的一面朝下放入長柄煎鍋內用中火煎。將 1 片起司放在麵包上，然後將培根條對半切開，放到起司上。將第 2 片起司放在培根上，然後將第 2 片麵包放在最上面完成三明治的製作。確認塗了奶油那一面是朝上的。烹煮至顏色變成金棕色，而且起司開始融化，然後翻面煎製另一面

第一份零食

從以下選項中擇一或從第十章的植物性零食中選擇：

- 5 顆填塞了 5 顆完整杏仁的去核椰棗
- 半杯無糖蘋果醬與 10 顆切半胡桃混合
- 1/4杯低脂烘烤酥脆穀麥片
- 40顆去殼開心果
- 3/4杯切成小方塊的甜瓜

第二餐

從以下選項中擇一：

- 1 杯半黑豆湯和小份的綠色蔬菜田園沙拉
- 1 杯半豌豆湯和小份的綠色蔬菜田園沙拉
- 1 杯半扁豆湯和小份的綠色蔬菜田園沙拉

植物奶拯救地球

用來飼養、繁育和處理家畜的龐大用水量被完善地記錄，而且已成爲許多環保人士的戰鬥口號。這些環保人士尋求的環境保護解決辦法，有一部分可以從植物奶當中得到。有一些預測提到，如果以杏仁奶取代牛奶的話，每 1 杯被取代的牛奶可節省高達 40 加侖的水。在談到植物奶時，豆漿和燕麥奶拔得頭籌，而米漿和杏仁奶還是比乳製品表現更好，但它們不像大豆和燕麥那樣省水。在節省水資源之外，這些植物奶也能幫助減少溫室氣體的排放。相較於杏仁奶和豆漿，牛奶的二氧化碳排放量可能是上述兩種植物奶的 3 倍以上。

乳品種類	用水量（加侖）
牛奶	166
杏仁奶	98
米漿	71
燕麥奶	13
豆漿	7

第二份零食（ABF）

從以下選項中擇一或從第十章的動物性零食中選擇：

- 火雞肉融化瑞士起司單片三明治：在半個全麥英式鬆餅上放 3/4 盎司（約 21 克）低鈉熟食火雞肉和 1 片薄薄的瑞士起司。將起司融化並上桌
- 花生醬巧克力方塊：將 2 茶匙絲滑天然花生醬或有機花生醬放在 0.4 盎司（11.3 克）的巧克力方塊上
- 1 顆甜味蘋果，例如金冠或富士，搭配熟成 6 到 9 個月的減脂切達起司條或 3/4 盎司（約 21 克）的起司片
- 7顆用1湯匙藍紋起司填塞的橄欖
- 4 個肉餡底的鍋貼，蘸 2 茶匙薄鹽醬油

第三餐

從以下選項中擇一：

- 義大利螺旋麵，搭配豆莢、番茄還有烤大蒜（參見第 168 頁的食譜）
- 辣味泰式炒蔬菜（參見第 194 頁的食譜）
- 烤葡萄、苦苣及布格麥沙拉搭配菲達起司（參見第186頁的食譜）
- 大份的沙拉（下列所有食材或從其中任選：半杯豆子、3 杯生菜或其他綠色蔬菜、5 顆橄欖、3 湯匙切碎的起司、5 顆小番茄、2 湯匙堅果、黃瓜片）搭配 2 湯匙低脂或脫脂油醋沙拉醬

第三份零食（ABF）

從以下選項中擇一或從第十章的動物性零食中選擇：

- 5 片全穀類餅乾，搭配迷你球狀高達起司（Gouda cheese）
- 10 根迷你胡蘿蔔，搭配與半湯匙義大利青醬混合好的半杯茅屋起司
- 優格蘸草莓：將 1 杯整顆草莓浸入半杯低脂香草口味希臘優格，放在烤盤上冷凍。
- 1 杯 2%的超過濾（ultra- filtered）巧克力牛奶
- 蜂蜜－瑞可達起司米蛋糕：將 3 湯匙瑞可達起司（ricotta cheese）塗抹在 1 個糙米蛋糕上，然後淋上 2 茶匙蜂蜜。

第一餐（ABF）

從以下選項中擇一：

- 酪梨吐司搭配葵花籽：將半個酪梨塗抹在 1 片 100%全穀類或 100%全麥吐司上，然後放上 2 小片番茄和1湯匙去殼葵花籽

- 覆盆莓奇亞籽百匯：將半杯覆盆莓和1湯匙奇亞籽搗成泥，接著加入 8 盎司（約 237 毫升）低脂或脫脂原味優格，再放上核桃或胡桃
- 2 個炒蛋，搭配起司（可加可不加）和 2 小節火雞肉或豬肉香腸，或者搭配2條火雞肉或豬肉培根，與1份你自選的水果一起食用

第一份零食

- 從以下選項中擇一或從第十章的植物性零食中選擇：
- 3 片浸在天然果汁裡的圓形鳳梨片，不加糖
- 10 根浸在 2 湯匙低熱量沙拉醬中的迷你胡蘿蔔
- 白腰豆沙拉：$^{1}/_{3}$ 杯白腰豆、擠出來的檸檬汁、$^{3}/_{4}$ 杯番茄丁、4 片黃瓜片
- 1顆油桃
- 3到4湯匙櫻桃乾

第二餐

從以下選項中擇一：

- 朝鮮薊鷹嘴豆凱薩沙拉（參見第128頁的食譜）
- 用墨西哥薄餅將黑豆搭配酪梨、番茄丁、生菜和糙米飯的餡料包起來

- 大份的沙拉（下列所有食材或從其中任選：生菜、5 顆橄欖、3 湯匙切碎的起司、5 顆小番茄、2 湯匙堅果、黃瓜片）搭配 2 湯匙低脂或脫脂油醋沙拉醬

第二份零食

從以下選項中擇一或從第十章的植物性零食中選擇：

- 8到10片黃瓜和2湯匙鷹嘴豆泥
- 西瓜球和蜜香瓜球（總計8個）
- 1 片 100%全麥麵包或 1 個全穀類皮塔口袋餅，切成4份，搭配 2 湯匙鷹嘴豆泥
- 2 杯氣爆爆米花，淋上用 2 茶匙橄欖油、2 茶匙切碎的迷迭香、1/4 茶匙用來調味的磨碎檸檬皮，以及少許海鹽混合加熱製成的迷迭香檸檬綜合香料
- 自製什錦果仁：用 7 顆烤杏仁、2 湯匙蔓越莓乾、5 片迷你椒鹽蝴蝶餅，還有1湯匙去殼葵花籽混合製成

第三餐（ABF）

從以下選項中擇一：

- 1 片 6 盎司（約 170 克）的燒烤或烘烤魚肉，搭配2份蔬菜

- 1 片 6 盎司（約 170 克）的燒烤或烘烤雞胸肉（去皮），搭配2份蔬菜
- 1 塊肉醬千層麵（約 10×7.6×5 公分），搭配小份的田園沙拉或 2 份蔬菜

第三份零食

從以下選項中擇一或從第十章的植物性零食中選擇：

- 16片蘇打餅乾
- 半杯酪梨，搭配番茄丁和少許胡椒
- 21顆生杏仁
- 20顆冷凍葡萄
- 甜核桃燕麥片（半杯煮熟的鋼切燕麥，放上1湯匙切碎的核桃，並淋上 1 茶匙有機蜂蜜或 100%楓糖漿）

第4日

第一餐

從以下選項中擇一：

- 綠拿鐵：將半杯去皮切碎的蘋果與4片切碎的羽衣甘藍葉、半杯切碎的芒果、3/4 杯水，還有半杯低脂或脫脂原味優格混合放進果汁機，以低速打成泥狀。
- 1 個素食的藍莓或玉米英式鬆餅，搭配1份水果
- 1 杯半熱或冷的早餐穀片，搭配 1 杯你自選的非牛奶乳品及1份水果

第一份零食

從以下選項中擇一或從第十章的植物性零食中選擇：

- 半杯地瓜片
- 6顆杏桃乾搭配1湯匙櫻桃乾
- 小份羽衣甘藍沙拉：1 杯羽衣甘藍葉，放上 3/4 杯烤鷹嘴豆，並淋上中東芝麻淋醬
- 15 片冷凍香蕉片（通常是1根大的香蕉）
- 11 片天然藍玉米脆片

第二餐（ABF）

從以下選項中擇一：

- 雞肉碗：將2杯你自選的綠色蔬菜和3盎司（約85克）切成丁的燒烤雞肉、1/4 杯蘋果丁、1/4 杯切碎的胡蘿蔔、2湯匙鷹嘴豆泥，還有 1 湯匙檸檬汁放進碗裡一起拌勻
- 黃瓜鮪魚沙拉：瀝乾 1 罐鮪魚，接著放進碗中與半杯去皮切丁的黃瓜、半湯匙新鮮檸檬汁、1 湯匙美乃滋，還有少許鹽混合。用綠色蔬菜為底或塞進全麥墨西哥薄餅裡上桌

注意你的維生素

跟動物性飲食相比，維生素 D、omega-3 脂肪酸，還有鐵等必需營養素更不容易於植物性飲食找到。對能量生成、血液循環系統，以及神經系統至關重要的維生素 B_{12} 根本無法由植物中取得，而只能從動物身上獲得。然而，植物性飲食的人還是可以從攝取維生素 B_{12} 加強食品，像是植物奶、各種乳製品，還有植物肉，獲得他們所需的維生素 B_{12}。

- 能量鮭魚碗：取 1 碗，放入 2 杯你自選的綠色蔬菜、3 盎司（約 85 克）切碎的熟鮭魚、半杯黃瓜丁、1/4 杯切碎的胡蘿蔔、半杯番茄丁，還有半杯糙米飯。淋上巴薩米克油醋醬

第二份零食（ABF）

從以下選項中擇一或從第十章的動物性零食中選擇：

- 6 根黃瓜、番茄和莫札瑞拉起司球串成的食物串
- 6 片辣味鮪魚壽司捲
- 2 盎司（約 57 克）牛肉乾或火雞肉乾
- 4 片巧克力脆片餅乾，每片比賭桌籌碼的大小稍大一些
- 火雞肉包酪梨：1/4 個酪梨切片，包在 3 盎司（約 85 克）低鈉熟食火雞肉裡

第三餐

從以下選項中擇一：

- 芝麻菜沙拉搭配烤新鮮馬鈴薯及漬辣椒沙拉醬（參見第 132 頁的食譜）
- 1 杯半義式玉米糕，上面搭配烤茄子、蘑菇，還有紅甜椒
- 羽衣甘藍夏南瓜沙拉，搭配你自選的沙拉醬

第三份零食（ABF）

從以下選項中擇一或從第十章的動物性零食中選擇：

- 1 個中型紅甜椒切片，搭配 2 湯匙軟質山羊起司
- 燒烤波特菇(portobello mushroom)，菇內填塞烤蔬菜與 1 茶匙切碎的起司
- 1 盎司（約 28 克）切達起司搭配 5 顆櫻桃蘿蔔
- 黃瓜三明治：半個英式鬆餅，上面放 2 湯匙茅屋起司和 3 片黃瓜
- 1 個水煮蛋和半杯甜豌豆
- 3 盎司（約 85 克）煮熟的新鮮蟹肉

第一餐

從以下選項中擇一：

- 1杯奶油小麥和半杯莓果
- 1 杯半冷的早餐穀片，搭配 1 杯杏仁奶或豆漿，以及1份水果
- 柑橘沙拉：將半個葡萄柚和半個橙子切成圓片並擺放在盤子上。舀2湯匙低脂或脫脂原味優格淋在切片的柑橘水果上並灑上2茶匙有機蜂蜜

第一份零食

從以下選項中擇一或從第十章的植物性零食中選擇：

- 20顆葡萄搭配15顆花生
- 西瓜沙拉：1杯生菠菜搭配 $^2/_3$ 杯切成丁的西瓜，灑上1湯匙的巴薩米克醋
- $^3/_4$ 杯烤鷹嘴豆
- $^3/_4$ 杯烤黑豆
- 半個灑上半茶匙糖的葡萄柚

第二餐（ABF）

從以下選項中擇一：

- 1 杯半燉煮牛肉蔬菜，搭配半杯白米飯或糙米飯
- 火腿捲：將藍紋起司沙拉醬塗抹在2片熟食火腿的其中一面。在上面放幾片薄黃瓜片。將每片火腿捲起並放在綠色蔬菜基底上上桌。
- 2 小片披薩，搭配你自選的配料和小份的綠色蔬菜田園沙拉

第二份零食

從以下選項中擇一或從第十章的植物性零食中選擇：

- 4顆杏桃乾搭配15顆乾烤杏仁
- 1杯新鮮水果沙拉
- $^3/_4$ 杯墨西哥沙拉醬和 5 片墨西哥玉米片

- 4顆填塞了杏仁醬的椰棗
- 3杯氣爆爆米花

第三餐（ABF）

從以下選項中擇一：

- 1 杯半煮熟的全穀類義式細麵和 3 個高爾夫球大小的火雞肉或牛肉肉丸，搭配義式番茄醬
- 炒雞肉：烹煮 6 盎司（約 170 克）雞胸肉，取出切丁後放置一旁備用。將 1/4 杯切成丁的紅甜椒、1/4 杯番茄丁、1 湯匙洋蔥丁、1 茶匙蒜泥，還有少許鹽和胡椒加入長柄煎鍋中。將蔬菜煮約5分鐘，頻繁攪動。將雞肉丁放回煎鍋內再繼續煮幾分鐘到徹底熱透即可
- 1 塊 6 盎司（約 170 克）的雞肉或魚肉，搭配 2 份蔬菜

第三份零食

從以下選項中擇一或從第十章的植物性零食中選擇：

- 1/3杯裝得鬆散的葡萄乾
- 1 杯草莓
- 2 根冰棒
- 50 個金魚小餅乾
- 2 湯匙鷹嘴豆泥，塗抹在 4 片餅乾上

第一餐

從以下選項中擇一：

- 蘋果吐司：將 1 湯匙你自選的堅果醬塗抹在 1 片 100%全穀類或 100%全麥吐司上，然後在上面放幾片蘋果薄片並灑上肉桂。
- 3/4 杯麥麩薄片，搭配切片的香蕉、藍莓，還有非牛奶的乳品
- 1 杯水果果昔（熱量小於等於 300 卡，不加糖）

第一份零食（ABF）

從以下選項中擇一或從第十章的動物性零食中選擇：

- 1/4 杯淋上半杯低脂茅屋起司的哈密瓜
- 1 杯淋上半杯低脂優格的新鮮紅色覆盆莓
- 1 個中型紅甜椒切片，搭配 2 湯匙軟質山羊起司
- 5 片黃瓜片搭配 1/3 杯茅屋起司、鹽，還有胡椒
- 1 罐水浸鮪魚，瀝乾並依口味調味

第二餐

從以下選項中擇一：

- 茴香頭芹菜根蘋果沙拉，搭配油煎皮塔口袋餅（參見第 164 頁的食譜）
- 1 碗藜麥搭配烤胡蘿蔔和地瓜
- 1 杯半蔬菜湯和 3/4 杯糙米飯

第二份零食（ABF）

從以下選項中擇一或從第十章的動物性零食中選擇：

- 2 湯匙鷹嘴豆泥，搭配 5 根迷你胡蘿蔔
- 2 湯匙鷹嘴豆泥，搭配半根切片的黃瓜
- 1 片瑞士起司和 8 顆橄欖
- 半杯低脂天然香草冰淇淋或雪酪
- 1 罐水浸鮪魚，瀝乾並依口味調味

餵養腸道細菌

你的腸胃道布滿居住在其中並讓你保持健康的細菌。這被稱之為我們的微生物基因組群，而且可能重達 5 磅（2.27 公斤），這代表數 10 億個細菌。這些細菌可以做很多事，包括消化食物、調節我們的免疫系統、製造維生素，還有抵抗入侵我們體內的壞菌。這些細菌，和我們身體的細胞一樣，需要被餵養。水溶性纖維（Soluble fiber）是它們偏愛的燃料來源，這是你要確保食用足夠每日纖維量的另一個理由。

第三餐（ABF）

從以下選項中擇一：

- 鮪魚漢堡：將1罐水浸鮪魚瀝乾，與1個打散的蛋、半茶匙蒜粉、半茶匙薑黃、半茶匙洋蔥粉，還有鹽跟胡椒各少許在1個碗裡混合。將混合物做成2個肉餅，放入長柄煎鍋中以橄欖油烹煮至酥脆。與2份蔬菜或小份的綠色蔬菜田園沙拉一起食用
- 1杯半全穀類義大利麵，搭配肉醬和1份蔬菜
- 1塊6盎司（約170克）的燒烤或烘烤魚肉或雞肉，搭配2份蔬菜

第三份零食（ABF）

從以下選項中擇一或從第十章的動物性零食中選擇：

- 火雞肉融化瑞士起司單片三明治：在半個全麥英式鬆餅上放 3/4 盎司（約21克）低鈉熟食火雞肉和1片薄薄的瑞士起司。將起司融化並上桌
- 番茄莫札瑞拉沙拉：將1盎司（約28克）新鮮莫札瑞拉起司切成小方塊，與11個對半切開的小番茄和2茶匙剁碎的新鮮羅勒在一個碗內混合，然後淋上1湯匙的巴薩米克油醋醬
- 4片火雞肉和一個切成片的中型蘋果
- 2個水煮蛋搭配鹽和胡椒各少許
- 椒鹽蝴蝶餅蘸巧克力：將1湯匙半苦甜巧克力豆用微波爐融化。將3片蜂蜜椒鹽蝴蝶餅浸入融化的巧克力中。將椒鹽蝴蝶餅放入冷凍庫，直到巧克力凝固

第7日

第一餐（ABF）

從以下選項中擇一：

- 2片鬆餅（直徑約12.7公分），搭配2片火雞肉或豬肉培根
- 2個炒蛋，搭配起司（可加可不加）和2小節香腸，或者搭配2片火雞肉或豬肉培根。與1份你自選的水果一起食用
- 2片用100%全穀類或100%全麥麵包做的法式吐司，還有半杯莓果

第一份零食

從以下選項中擇一或從第十章的植物性零食中選擇：

- 1/3 杯無糖蘋果醬和半杯乾的早餐穀片
- 1 個中型紅甜椒切片，搭配 1/4 杯酪梨醬
- 半杯酪梨，搭配番茄丁和少許胡椒
- 3/4 杯烤黑豆
- 小份的綠色蔬菜田園沙拉（綠色蔬菜、番茄、橄欖、切碎的胡蘿蔔）

第二餐

從以下選項中擇一：

- 黃瓜西瓜酪梨沙拉，搭配辣椒薄荷油醋醬（參見第160頁的食譜）
- 1 杯半的湯（番茄湯、豌豆湯、蘑菇湯，或是扁豆湯）及半杯糙米飯
- 大份的沙拉（下列所有食材或從其中任選：半杯豆子、3 杯生菜或其他綠色蔬菜、5 顆橄欖、3 湯匙切碎的起司、5 顆小番茄、2 湯匙堅果、黃瓜片）搭配 2 湯匙低脂或脫脂油醋沙拉醬

第二份零食（ABF）

從以下選項中擇一或從第十章的動物性零食中選擇：

- 1片瑞士起司和8顆橄欖
- 半杯低脂天然香草冰淇淋或雪酪
- 1罐水浸鮪魚，瀝乾並依口味調味
- 10顆煮熟的貽貝
- 半杯罐裝蟹肉

第三餐（ABF）

從以下選項中擇一：

- 炒雞肉：烹煮 6 盎司（約 170 克）雞胸肉，取出切丁後放置一旁備

用。將 1/4 杯切成丁的紅甜椒、1/4 杯番茄丁、1 湯匙洋蔥丁、1 茶匙蒜泥，還有少許鹽和胡椒加入長柄煎鍋中。將蔬菜煮約5分鐘，頻繁攪動。將雞肉丁放回煎鍋內再繼續煮幾分鐘到徹底熱透即可

- 大份的沙拉（下列所有食材或從其中任選：半杯豆子、3 杯生菜或其他綠色蔬菜、5 顆橄欖、3 湯匙切碎的起司、5 顆小番茄、2 湯匙堅果、黃瓜片）搭配 2 湯匙低脂或脫脂油醋沙拉醬，放上 3 盎司（約85克）的魚肉或雞肉

- 3 隻帝王蟹腳，搭配融化奶油沾醬和2份蔬菜

第三份零食

從以下選項中擇一或從第十章的植物性零食中選擇：

- 1/3 杯無糖蘋果醬和半杯乾的早餐穀片
- 10 顆切半核桃和一個切成片的奇異果
- 迷你墨西哥捲餅：將 2 湯匙豆子沾醬塗抹在 1 片約 15 公分的墨西哥玉米薄餅上，上面再放2湯匙莎莎醬
- 1杯葡萄，搭配10顆杏仁
- 5片糙米蔬菜壽司捲

Chapter 8

吃素潮計畫——第 4 週

WEEK FOUR

你終於抵達終點了！ 現在，你主要是以植物性飲食為主。有鑒於之前你對動物性食品有多依賴，現在的情況將會是一個相當大的成就。我設計素食潮計畫的目的，是為了讓你在達到目前這個程度的轉換過程中，能夠盡可能平順。許多人會在來到這一週時決定徹底轉變為植物性飲食，這意味著成為一名純素主義者或素食主義者。其他人會決定他們想要偶爾攝取一些動物性食品，作為他們飲食中占比較小的部分，這正是最後一週所代表的意義。如果你想要的話，這將是你餘生都能輕鬆做到的事。

本週會完成全新的植物性飲食與動物性飲食比例為7比3的完整轉變。你的一週動物性食物總點數現在將減少到10。在七天的時間內，有許多方法達成這10點。我列在此處的本週菜單，和其他週一樣，都只是建議。使用計點系統的美妙之處在於，只要不超過10點的動物性食物總點數，最終決定要如何安排一週菜單的人是你。採取任何對你有效的行動，不過最重要的是，為現在你能以最大程度預防疾病、增加壽命，並幫助你達到最佳狀態的方式替身體補充能量感到興奮吧。

第1日

第一餐(ABF)

從以下選項中擇一：

- 雞蛋單片三明治：在一個全穀類英式鬆餅或1片麵包上，放⅓杯煮好的、蓋在1顆熟雞蛋上的清炒菠菜，灑上1湯匙切碎的起司，依口味用鹽和胡椒調味。與1份你自選的水果一起食用。
- 2片全麥鬆餅(直徑約12.7公分)，2片火雞肉或豬肉培根，還有1份水果
- 1杯蛋白質奶昔(熱量小於等於300卡，不加糖)

第一份零食

從以下選項中擇一或從第十章的植物性零食中選擇：

- 淋上莎莎醬的烤小馬鈴薯
- 3/4杯加少許海鹽的烤花椰菜
- 1杯半的新鮮水果沙拉
- 1/3杯無糖蘋果醬和半杯乾的早餐穀片
- 1個中型紅甜椒切片，搭配1/4杯酪梨醬

別忘了你的鈣質

鈣質是對我們的身體最爲重要的礦物質之一，對強壯骨骼和牙齒，還有讓我們的肌肉得以運動、神經得以傳遞電訊號(electrical signals)都是不可或缺的。鈣質的需求量取決於性別與年齡。乳製品中富含鈣質，但如果你食用的乳製品不多，那麼你將會需要從其他來源獲取鈣質，像是綠色葉菜、堅果、紅腰豆、大豆、芝麻、果乾，還有營養強化的植物奶製品。

男性	
19-50歲	1,000毫克／日
51-70歲	1,000毫克／日
71歲及以上	1,200毫克／日
女性	
19-50歲	1,000毫克／日
51歲及以上	1,200毫克／日

第二餐

從以下選項中擇一：

- 酥脆櫛瓜手指餅乾搭配綠色蔬菜女神沾醬(參見第156頁的食譜)
- 1杯半的黑豆湯、白腰豆湯，或素食辣豆醬湯，搭配3/4杯糙米飯

- 大份的沙拉（下列所有食材或從中任選：半杯豆子、3 杯生菜或其他綠色蔬菜、5 顆橄欖、3 湯匙切碎的起司、5 顆小番茄、2 湯匙堅果、黃瓜片）搭配 2 湯匙低脂或脫脂油醋沙拉醬

第二份零食（ABF）

從以下選項中擇一或從第十章的動物性零食中選擇：

- 半杯你自選的布丁
- 3 根填塞了茅屋起司的芹菜梗（每根芹菜梗應有 5 英吋〔12.7 公分〕長）
- 1 個填塞了烤蔬菜和 1 茶匙切碎低脂起司的波特菇
- 8 隻小號的蝦和 2 湯匙雞尾酒醬汁
- 1 杯雞湯麵

第三餐

從以下選項中擇一：

- 大麥搭配酥脆孢子甘藍、白腰豆及焦化奶油油醋醬（參見第 134 頁的食譜）
- 2 個裡面包了烤豆腐、胡蘿蔔、黃瓜、胡椒，還有烤花椰菜的辣味花生生菜捲
- 1 個黑豆玉米捲餅和小份的田園沙拉

第三份零食

從以下選項中擇一或從第十章的植物性零食中選擇：

- 半杯杏桃乾
- 1 杯半米香
- 西瓜沙拉：1 杯生菠菜搭配 2/3 杯切成丁的西瓜，灑上 1 湯匙的巴薩米克醋
- 25 顆冷凍紅無籽葡萄

第一餐

從以下選項中擇一：

- 1 杯半的隔夜燕麥搭配新鮮水果
- 蘋果吐司：將堅果醬塗抹在 1 片 100%全穀類或 100%全麥吐司上，然後在上面放幾片澳洲青蘋果薄片

- 草莓吐司：將 2 湯匙原味希臘優格醬、兩個切成薄片的草莓，還有半茶匙濃縮巴薩米克醋塗抹擺放在 1 片 100%全穀類或 100%全麥吐司上

第一份零食

從以下選項中擇一或從第十章的植物性零食中選擇：

- 半杯酪梨，搭配番茄丁和少許胡椒
- 3/4杯烤黑豆
- 小份的田園沙拉（綠色蔬菜、番茄、橄欖、切碎的胡蘿蔔）
- 1/3 杯無糖蘋果醬和半杯乾的早餐穀片
- 4顆填塞了杏仁醬的椰棗

第二餐（ABF）

從以下選項中擇一：

- 牛肉墨西哥捲餅碗：將 2 杯糙米飯、1 杯你自選的豆子、3 盎司（約 85 克）牛肉、半個小的酪梨切片、1/3 杯切碎的生菜，還有 2 湯匙洋蔥丁混合在一起
- 8 隻辣味蝦，搭配半杯糙米飯和 1 份蔬菜
- 奶油黃瓜沙拉：將 1 條去皮切丁的小黃瓜與 1/3 杯雞肉丁、2 湯匙美乃滋，還有鹽和胡椒各少許在一中型碗內混合

第二份零食

從以下選項中擇一或從第十章的植物性零食中選擇：

- 1杯甜豌豆搭配3湯匙鷹嘴豆泥
- 10 顆切半核桃和 1 個切成片的奇異果
- 5 顆填塞了 5 顆完整杏仁的去核椰棗
- 3/4杯蒸毛豆
- 半杯椒鹽蝴蝶餅和1茶匙蜂蜜芥末

第三餐

從以下選項中擇一：

- 珍珠庫斯庫斯（〔Pearl Couscous〕北非粗麥粉）搭配夏南瓜、小番茄，以及開心果油醋醬（參見第 182 頁的食譜）
- 甜椒鑲肉：將 1 個切成兩半的紅甜椒挖空，在每個半邊甜椒內塞入煮熟的牛絞肉，接著在上面放上起司，放進設定為低溫的烤箱中，烘烤至起司融化即可
- 大份的沙拉（下列所有食材或從其中任選：半杯豆子、3 杯生菜或其他綠色蔬菜、5 顆橄欖、3 湯匙切碎的起司、5 顆小番茄、2 湯匙堅果、黃瓜片）搭配 2 湯匙低脂或脫脂油醋沙拉醬，再放上 3 盎司（約 85 克）的魚肉或雞肉

第三份零食（ABF）

從以下選項中擇一或從第十章的動物性零食中選擇：

- 3 盎司（約 85 克）煮熟的新鮮蟹肉
- 半杯罐裝蟹肉
- 4 個煮熟的大號扇貝
- 半杯低脂茅屋起司，搭配 1/4 杯新鮮鳳梨片

第一餐

從以下選項中擇一：

- 藍莓吐司：將 1 湯匙藍莓果醬塗抹在 1 片 100%全穀類或 100%全麥吐司上，再放上新鮮藍莓和 1 片起司，並淋上半茶匙蜂蜜
- 香蕉吐司：以堅果醬塗抹 1 片 100%全穀類或 100%全麥吐司，然後再蓋上切成薄片的香蕉
- 素食麥麩英式鬆餅（或另一種口味的英式鬆餅）和 1 份水果

第一份零食

從以下選項中擇一或從第十章的植物性零食中選擇：

- 4顆杏桃乾搭配15顆乾烤杏仁
- 有機堅果棒或蛋白質能量棒（熱量小於等於150卡）
- $^{3}/_{4}$杯烤鷹嘴豆
- 羽衣甘藍普切塔：烤 1 片 100%全穀類或 100%全麥麵包，在上面放上煮熟的羽衣甘藍葉和對半切開的小番茄，依口味用鹽和胡椒調味並淋上巴薩米克油醋醬
- 烤小馬鈴薯或地瓜，上面放2湯匙鷹嘴豆泥

第二餐

從以下選項中擇一：

- 甜菜根和綠色蔬菜，搭配榛果優格–蒔蘿醬（參見第138頁的食譜）
- 1 杯半的胡桃南瓜湯、黃瓜湯、鷹嘴豆湯，或黑豆湯，搭配 $^{3}/_{4}$ 杯糙米飯
- 蔬菜墨西哥捲餅碗：將 2 杯糙米飯、1 杯你自選的豆子、半個小的酪梨切片、$^{1}/_{3}$ 杯切碎的生菜，還有2湯匙洋蔥丁混合在一起

3種能抵抗疾病的植物

蘆筍：這些長條形的綠色嫩莖含有麩胱甘肽（glutathione），這是一種可排毒的化合物，能清除身體中像是致癌物和自由基等有害化合物。另一項好處是，蘆筍具有抗發炎的特性，能幫助抵抗數種像是第二型糖尿病和心臟疾病等慢性病。

紫甘藍菜苗：這些帶紫色的幼苗含有相當大量的維生素 C 和 K。維生素 C 是一種能抵抗發炎反應和保護細胞免於傷害的超級抗氧化物。

青花菜苗：富含蘿蔔硫素（sulforaphane）這種化合物，這些微小的植物在動員身體的天然抗癌資源、用來協助阻礙腫瘤生長方面能發揮巨大作用。這些幼苗也已被證實能藉由降低血糖和膽固醇濃度，來幫助保護心臟。青花菜苗的保健效果是徹底成熟青花菜的10到30倍。

第二份零食

從以下選項中擇一或從第十章的植物性零食中選擇：

- 脫水肉桂蘋果：將 3 顆中型蘋果切成薄片。灑上肉桂。均勻地放在鋪了烘焙紙的烤盤上。放入 170 度的烤箱烘烤 5 到 6 個小時，每小時將蘋果片翻面一次，直到烤到棕色酥脆即可（食用 1 片蘋果片作為零食，剩下 2 片留著之後再吃）
- 半個紅甜椒，切片後淋上巴薩米克油醋醬，並以鹽和胡椒調味
- 自製地瓜片：將 2 個地瓜切成薄片並放入一個碗中；混入 2 湯匙橄欖油和海鹽調味。將地瓜片放在鋪了鋁箔紙的烤盤上，在 375 度的烤箱內烘烤 25 到 30 分鐘，直到達到想要的酥脆程度為止（食用 1 片地瓜片作為零食，剩下的留著之後再吃）
- 地中海沙拉：將 1 顆番茄、1 條小黃瓜和 $1/4$ 顆紅洋蔥切丁。淋上巴薩米克油醋醬
- 半杯無糖的無堅果什錦果仁

第三餐

從以下選項中擇一：

- 奶油素食筆管麵，搭配蘆筍、毛豆，和薄荷（參見第 152 頁的食譜）
- 大份的沙拉（下列所有食材或從中任選：半杯豆子、3 杯生菜或其他綠色蔬菜、5 顆橄欖、3 湯匙切碎的起司、5 顆小番茄、2 湯匙堅果、黃瓜片）搭配 2 湯匙低脂或脫脂油醋沙拉醬
- 2 杯扁豆湯，搭配 $3/4$ 杯糙米飯或白米飯

第三份零食

從以下選項中擇一或從第十章的植物性零食中選擇：

- 1 杯半的新鮮水果沙拉
- 3 片搭配黑豆莎莎醬的烤茄子
- 1 杯味增湯
- 1 杯用鹽和／或胡椒調味的烘烤或燒烤櫛瓜片
- 1 湯匙花生和 2 湯匙蔓越莓乾

第4日

第一餐（ABF）

從以下選項中擇一：

- 1 杯半煮熟的燕麥片或玉米粥，搭配莓果或香蕉

- 2 個炒蛋（可選擇加入起司和蔬菜）和1塊水果
- 培根燒烤起司三明治：在 2 片 100%全穀類或 100%全麥麵包的一面抹上奶油，然後放置在一旁。烹煮3片火雞肉或豬肉培根。將1片麵包塗了奶油的一面朝下放入長柄煎鍋內用中火煎。將1片起司放在麵包上，然後將培根條對半切開，放到起司上。將第2片起司放在培根上，然後將第2片麵包放在最上面完成三明治的製作。確認塗了奶油那一面是朝上的。烹煮至顏色變成金棕色，起司開始融化，然後翻面煎製另一面

第一份零食

從以下選項中擇一或從第十章的植物性零食中選擇：

- 50個金魚小餅乾
- 半杯羽衣甘藍脆片
- $^{1}/_{3}$杯低脂烘烤酥脆穀麥片
- 3杯氣爆爆米花
- 3湯匙烤南瓜籽

第二餐（ABF）

從以下選項中擇一：

- 1 杯半的雞肉粥搭配小份的綠色蔬菜田園沙拉
- 酪梨培根沙拉：將半株蘿蔓生菜或2杯羽衣甘藍切碎並放入碗中，

加入半杯切碎的黃瓜、1/4 杯切碎的洋蔥，還有半個切成片的酪梨。加入2片切成丁的豬肉或火雞肉培根，然後淋上2湯匙你自選的沙拉醬

- 黃瓜鮪魚沙拉：瀝乾1罐鮪魚，接著放進碗中與半杯去皮切丁的黃瓜、半湯匙新鮮檸檬汁、1湯匙美乃滋，還有少許鹽混合。用綠色蔬菜為底或塞進全麥墨西哥薄餅裡上桌

第二份零食

從以下選項中擇一或從第十章的植物性零食中選擇：

- 40顆去殼開心果
- 3/4杯切成小方塊的甜瓜
- 1片100%全麥麵包或一個全穀類皮塔口袋餅，切成4份，搭配2湯匙鷹嘴豆泥
- 1顆大的蘋果、橙子或香蕉
- 10根浸在2湯匙低熱量沙拉醬中的迷你胡蘿蔔

第三餐（ABF）

從以下選項中擇一：

- 6盎司（約170克）蒸扇貝和2份蔬菜
- 炒雞肉：烹煮6盎司（約170克）雞胸肉，取出切丁後放置一旁備用。將1/4杯切成丁的紅甜椒、1/4杯番茄丁、1湯匙洋蔥丁、1茶匙蒜泥，還有少許鹽和胡椒加入長柄煎鍋中。將蔬菜煮約5分鐘，頻繁攪動。將雞肉丁放回煎鍋內再繼續煮幾分鐘到徹底熱透即可
- 2杯你自選的湯

第三份零食

從以下選項中擇一或從第十章的植物性零食中選擇：

- $^{3}/_{4}$杯烤鷹嘴豆
- $^{3}/_{4}$杯烤黑豆
- 3個鷹嘴豆泥蔬菜捲

- 4顆填塞了杏仁醬的椰棗
- 2湯匙墨西哥豆泥蘸醬（非豬油製成）和5片墨西哥玉米片

第一餐

從以下選項中擇一：

- 3到4份水果
- 1杯水果果昔（熱量小於等於300卡，不加糖）
- 1杯半的全穀類早餐穀片搭配莓果和1杯燕麥奶、豆漿或杏仁奶

第一份零食（ABF）

從以下選項中擇一或從第十章的動物性零食中選擇：

- 番茄莫札瑞拉沙拉：將1盎司（約28克）新鮮莫札瑞拉起司切成小方塊，與11個對半切開的小番茄和2茶匙剁碎的新鮮羅勒在一個碗內混合，然後淋上1湯匙的巴薩米克油醋醬。
- 2湯匙鷹嘴豆泥搭配5根迷你胡蘿蔔
- 2湯匙鷹嘴豆泥搭配半根切片的黃瓜
- 熱墨西哥餡餅：將1片墨西哥玉米薄餅的一面用噴霧式食用油噴油，然後放入長柄煎鍋中。在餅上放入$^{1}/_{4}$杯墨西哥式乳酪絲，對半折起，兩面各烹煮數分鐘，直到起司融化、薄餅變得微微酥脆。如果想要的話，可以搭配2湯匙墨西哥沙拉醬或莎莎醬一起上桌。
- 1杯2%的超過濾巧克力牛奶

第二餐

從以下選項中擇一：

- 烤茴香搭配香橙-胡桃義式調味料（參見第140頁的食譜）
- 1杯半的義大利什錦蔬菜濃湯、洋蔥湯、番茄湯，或者胡蘿蔔湯，搭配$^{3}/_{4}$杯糙米飯

- 大份的沙拉（下列所有食材或從中任選：半杯豆子、3 杯生菜或其他綠色蔬菜、5 顆橄欖、3 湯匙切碎的起司、5 顆小番茄、2 湯匙堅果、黃瓜片）搭配 2 湯匙低脂或脫脂油醋沙拉醬

比你想像中更多的牛奶

製作 1 磅的奶油要用掉 21 磅牛奶。

製作 1 加侖的冰淇淋要用掉 12 磅牛奶。

製作 1 磅的起司要用掉 10 磅牛奶。

1 磅＝約 0.45 公斤
1 加崙＝約 3.785 公升

第二份零食

從以下選項中擇一或從第十章的植物性零食中選擇：

- 淋上莎莎醬的烤小馬鈴薯
- 3/4 杯加少許海鹽的烤花椰菜
- 1 杯藍莓，搭配一球打發鮮奶油
- 半根大號的黃瓜切成條狀或圓片，用 2 湯匙鷹嘴豆泥做蘸料
- 6 顆椰棗

第三餐（ABF）

從以下選項中擇一：

- 2 個龍蝦尾搭配融化奶油醬汁和 2 份蔬菜
- 菠菜火雞肉沙拉：取 1 碗，將兩杯菠菜苗、1/3 杯蘑菇、一個切碎的水煮蛋、2 湯匙切碎的紅洋蔥、1/4 杯的切半胡桃或核桃、1 茶匙蒜泥，還有 1/4 杯蔓越莓乾放入碗中混合，然後在上面放上 4 盎司（約 113 克）火雞肉。
- 6 盎司（約 170 克）的牛排、雞肉或魚肉，搭配 2 份蔬菜

第三份零食

從以下選項中擇一或從第十章的植物性零食中選擇：

- 1 杯半的全素辣豆醬，上面放上切片的酪梨
- 3/4 杯烤鷹嘴豆
- 3/4 杯烤黑豆
- 半顆中型酪梨，灑上一點點擠出來的檸檬汁和海鹽
- 1 個中型紅甜椒切片，搭配 1/4 杯酪梨醬

第一餐（ABF）

從以下選項中擇一：

- 2 片用 100%全穀類或 100%全麥麵包做的法式吐司，還有半杯莓果
- 8 盎司（約 237 毫升）優格，搭配莓果和1/4杯烘烤酥脆穀麥片

- 用2顆蛋、起司和蔬菜做的歐姆蛋

第一份零食

從以下選項中擇一或從第十章的植物性零食中選擇：

- 5 顆填塞了 5 顆完整杏仁的去核椰棗
- 半杯無糖蘋果醬與 10 顆切半胡桃混合
- 1/4杯低脂烘烤酥脆穀麥片
- 1杯淋上2湯匙脫脂沙拉醬的生菜
- 3塊烘烤馬鈴薯條

第二餐（ABF）

從以下選項中擇一：

- 雞肉卡布里沙拉：將兩杯你自選的綠色蔬菜、3/4 杯雞肉丁、半杯莫札瑞拉（或是你自選的起司）、半杯番茄丁、1/4 杯切碎的新鮮羅勒、1 茶匙特級初榨橄欖油還有 2 湯匙新鮮檸檬汁在1個大碗中翻動混合
- 能量鮭魚碗：取 1 碗，放入 2 杯你自選的綠色蔬菜、3 盎司（約 85 克）切碎的熟鮭魚、半杯黃瓜丁、1/4 杯切碎的胡蘿蔔、半杯番茄丁，還有半杯糙米飯。淋上巴薩米克油醋醬。
- 用 100%全穀類或 100%全麥麵包做的雞肉或火雞肉總匯三明治，搭配生菜、番茄、洋蔥還有起司，以及2茶匙你自選的調味料

第二份零食

- 從以下選項中擇一或從第十章的植物性零食中選擇：

- 2條冷凍水果棒（不加糖）
- 2湯匙鷹嘴豆泥，塗抹在4片餅乾上
- 10顆黑橄欖
- 半杯藜麥或糙米飯
- 5根迷你胡蘿蔔和3湯匙鷹嘴豆泥

第三餐（ABF）

從以下選項中擇一：

- 3隻帝王蟹腳，搭配融化奶油沾醬和2份蔬菜
- 1塊肉醬千層麵（約10×7.6×5公分），搭配2份蔬菜
- 2杯炒雞肉或炒牛肉

第三份零食

從以下選項中擇一或從第十章的植物性零食中選擇：

- 2杯燒烤或烘烤的青花菜花
- 17顆胡桃
- 25顆櫻桃
- 6顆杏桃乾
- 1個米蛋糕搭配1湯匙酪梨醬

第7日

第一餐

從以下選項中擇一：

- 1杯蛋白質奶昔（熱量小於等於300卡，不加糖）
- 1杯半冷或熱的早餐穀片，搭配1杯杏仁奶、椰奶或豆漿
- 半個酪梨，搗成泥塗抹在2片100%全穀類或100%全麥吐司上

第一份零食

從以下選項中擇一或從第十章的植物性零食中選擇：

- 2條蒔蘿醃黃瓜
- 2條冷凍水果棒（不加糖）
- 半杯芥末青豆

- 半杯生的或煮熟的蔬菜
- 12 片烘烤墨西哥玉米片和半杯莎莎醬

第二餐

從以下選項中擇一：

- 高麗菜素牛排，搭配醃泡白腰豆庫斯庫斯（參見第 142 頁的食譜）
- 1 杯半的蔬菜湯、白腰豆湯或味增湯，搭配 3/4 杯糙米飯
- 1 杯半的全麥義大利麵，與你自選的蔬菜混合

第二份零食

從以下選項中擇一或從第十章的植物性零食中選擇：

- 淋上莎莎醬的烤小馬鈴薯
- 1 個切片的奇異果，搭配半杯燕麥穀片
- 6 顆無花果乾
- 1 杯半西瓜丁
- 1 杯小番茄，對半切開並灑上海鹽

你吃進什麼就會得到什麼

並非所有植物性食物都是一樣的。吃到品質低劣、而且營養或健康益處極少或根本沒有的植物性食物是有可能發生的。你需要確保自己盡可能專注在潔淨的飲食上，並且減少加工原料的數量，還有額外添加的糖分與不健康脂肪的總量。食用高品質的植物性食物能讓你死於心臟疾病的風險降低多達 25%；然而，攝取不健康的植物性食物居然會讓這個風險增加 32%。研究也指出，在為期 12 年的時間內，改善植物性飲食的品質可能讓你過早死亡的可能性降低 10%。但是，在相同的時間內，降低你的植物性飲食品質可能會讓你英年早逝的風險增加 12%。

第三餐

從以下選項中擇一：

- 辣味馬鈴薯鑲芥蘭（參見第 148 頁的食譜）
- 4 份烤蔬菜
- 1 塊蔬菜千層麵（約 10×7.6×5 公分）

第三份零食

從以下選項中擇一或從第十章的植物性零食中選擇：

- 1 杯甜豌豆搭配 3 湯匙鷹嘴豆泥
- 5 片糙米蔬菜壽司捲
- 20 顆葡萄搭配 15 顆花生
- 20 顆杏仁
- 1 顆烤地瓜搭配 1 茶匙奶油

恭喜你在飲食和心理上做出的轉變！在這最後4週內，你已經完成通常要花幾年時間進度才做得到的事。如果這對你來說還沒有感到很明顯，你即將認識到，作為一名植物性飲食者，你將能更輕易發掘全新且讓人興奮的菜餚。你新獲得的彈性將容許你在各式各樣的餐廳用餐，而且很少會有無法從菜單上找到吸引你菜餚的時刻。

成為一位植物性飲食者並不代表你將不能享用牛肉、雞肉或魚肉，但這的確意味著你能夠很長一段時間不吃肉，而且不會因此感到不適。事實上，許多人不僅喪失了他們對肉類的口味偏好，他們還覺得，跟植物性食物相比，肥膩的肉現在過於濃厚和黏膩。當你坐下來食用充滿植物性食物的一餐，可以想想你正為自己的身體裝填多麼優質的燃料，也可以想想，這一頓飯所能產生的正面影響，它能幫助和保護我們的地球，好讓未來世代能享有這個世界所慷慨給予的豐富機會。確保你在你的

食物選項上容許自己充滿創意，並且對各種讓人興奮、來自世界各地充滿美妙香氣和營養益處的食譜抱持開放的態度。維持你所食用的食物品質，確保它們來自最好的源頭，而且經過的加工處理越少越好。

希望你現在已經完成4週素食潮計畫，你將不需要繼續嚴格地遵循餐食計畫，你可以做出一些讓自己全新味蕾滿意的選擇。如果你需要減重，為自己設下挑戰，不僅要遵守新的植物性食物與動物性食物7比3規則，還要將規律的運動加入你的生活規劃中（每週4天到5天、每次30分鐘，並且綜合有氧運動與阻力訓練），甚至嘗試一下間歇性斷食。毫無疑問，以植物性飲食為主的生活能帶來許多改變生命的好處；這關乎你能在多大程度上接受這些可能性，並全心投入這場旅程。好好吃飯，好好過活！

Chapter 9

富含植物力量的食譜

PLANT POWER RECIPES

4人份

朝鮮薊鷹嘴豆凱薩沙拉

ARTICHOKE AND CHICKPEA CAESAR SALAD

1罐14盎司裝的鷹嘴豆，沖洗並瀝乾

1/4 杯特級初榨橄欖油，分次加入

1湯匙玉米澱粉

猶太鹽和新鮮現磨的黑胡椒

半茶匙孜然粉

半茶匙香菜粉

1小撮卡宴辣椒粉，非必須

3湯匙新鮮檸檬汁

1茶匙第戎芥末醬

1/3 杯細磨的帕馬森乾酪（parmesan cheese），上桌時可多增加分量

1罐14盎司裝的 1/4 水漬朝鮮薊心，瀝乾

3棵蘿蔓生菜心，粗略切碎

將烤箱預熱到約220°C，在烤盤內鋪上鋁箔紙。

將鷹嘴豆放進攪拌缽中，加入1茶匙油翻動混合。將玉米澱粉、半茶匙鹽、1/4茶匙胡椒、孜然粉、香菜粉還有卡宴辣椒粉（如果有使用的話）在小碗中攪拌在一起，將混合物灑在鷹嘴豆上。用一支大的橡皮刮刀翻攪鷹嘴豆，直到均勻裹上混合香料。將鷹嘴豆均勻地鋪在墊好鋁箔紙的烤盤上，放進烤箱烘烤，間歇晃動烤盤、翻動上面的豆子，直到它們變成金黃色且酥脆，需時10到12分鐘。將豆子移到墊了廚房紙巾的盤子上放涼。

將剩下的油、檸檬汁、芥末，還有半茶匙鹽與半茶匙胡椒在一個大攪拌缽中攪打至混合；加入帕馬森乾酪並攪拌混合。將朝鮮薊加入缽中，用橡皮刮刀翻攪至均勻裹上醬汁；加入生菜，翻動混合到充分裹上醬汁。將沙拉移到上菜盤中。把鷹嘴豆灑在沙拉上，在餐桌上與額外多準備的帕馬森乾酪一起上菜。

4人份

酥脆鮭魚漢堡

CRISPY SALMON BURGERS

約450克鮭魚，切成大塊

1/4 杯切碎的新鮮平葉荷蘭芹

3湯匙麵包粉

1湯匙半切成細丁的紅洋蔥

2瓣大蒜，剁成泥

半茶匙鹽

1/4 茶匙新鮮現磨的黑胡椒

1湯匙新鮮萊姆汁

2湯匙特級初榨橄欖油

4個全麥小圓麵包

將鮭魚、荷蘭芹、麵包粉、洋蔥、大蒜、鹽、胡椒，還有萊姆汁一起放入攪拌機中。高速攪拌2分鐘，必要時刮一下攪拌機的內壁。

將混合物從攪拌機中取出，做成4個一樣大的肉餅。將橄欖油放進一個大的煎鍋中以中大火加熱。將肉餅放入鍋中，每面煎約4分鐘，或煎到外表微焦、肉餅半熟（或達到想要的熟度）即可。

將肉餅移到一個乾淨的盤子裡。將小圓麵包頂部朝下放入煎鍋中小火煎烤。將肉餅放在溫熱、烤過的小圓麵包上上桌。

4人份

芝麻菜沙拉搭配烤新鮮馬鈴薯及漬辣椒沙拉醬

ARUGULA SALAD WITH ROASTED NEW POTATOES AND PICKLED PEPPER DRESSING

約340克各種顏色的迷你馬鈴薯，去皮、對半切開

1/4 杯特級初榨橄欖油，分次加入

半茶匙乾百里香

猶太鹽和新鮮現磨的黑胡椒

1/4 杯漬辣椒（Peppadews 牌）、瀝乾，加上3湯匙漬辣椒罐頭裡的湯汁

1湯匙全穀類粗研磨芥末

1/3 杯切碎的新鮮羅勒葉

約140克芝麻葉嫩葉

1塊約57克的陳年高達起司

將烤箱預熱到約230° C。將馬鈴薯鋪在烤盤上並淋上2湯匙油；加入乾百里香，用鹽和胡椒調味，翻動攪拌，讓香料和調味料均勻覆蓋在馬鈴薯上。放入烤箱烘烤，中途再充分攪拌，烤成金棕色並熟透即可，需時35到40分鐘。

同時，將辣椒切碎並放入一個大碗中。加入漬辣椒湯汁、剩下的橄欖油、芥末還有羅勒，攪拌至充分混合。等馬鈴薯烤好，趁熱放進裝有上述醬汁的碗內，翻動使馬鈴薯裹上醬汁。放涼10分鐘。

將芝麻葉加進碗裡並輕輕翻動至均勻沾上醬汁即可。將沙拉移到上菜盤中；在沙拉上頭用削皮刀將起司刨成片，然後上桌。

4人份

大麥搭配酥脆孢子甘藍、白腰豆及焦化奶油油醋醬

BARLEY WITH CRISPY BRUSSELS SPROUTS, WHITE BEANS, AND BROWNED BUTTER VINAIGRETTE

約450克孢子甘藍

2湯匙特級初榨橄欖油

猶太鹽和新鮮現磨的黑胡椒

半茶匙孜然粉

半茶匙香菜粉

約340克珍珠麥（pearl barley，洋薏仁）

1罐14盎司裝的白腰豆，瀝乾但不要清洗

3湯匙無鹽奶油

1茶匙全穀類粗研磨第戎芥末醬

1/4 杯蘋果醋

1茶匙切碎的新鮮百里香

將烤箱預熱到約220°C。

將孢子甘藍縱向對半切開，然後將每一半的芯切除，使大多數的菜葉從菜心脱離。將鹽、胡椒、孜然粉還有香菜粉各半茶匙放進一個大碗中攪拌至均勻混合。放入孢子甘藍，充分翻動至裹上上述粉料。將裹好粉料的孢子甘藍移到烤盤上用烤箱烘烤，中間加以攪拌，烤到邊緣酥脆呈棕色即可，需時約20分鐘。將烤盤由烤箱中取出並稍微放涼。

同時，將一大鍋水燒開，加入1茶匙鹽，然後加入珍珠麥。用文火慢慢燉煮，期間頻繁攪拌，依照包裝説明煮到完全熟透即可。瀝乾並移到攪拌缽裡。拌入豆子，靜置到熱透即可。

在一個中型平底鍋內用中火融化奶油，讓奶油在鍋中轉動，直到奶油開始變成金棕色、聞起來帶有堅果味，需時3到4分鐘。將平底鍋從爐火上移開，加入芥末醬和醋攪拌至充分混合，再加入半茶匙鹽、1/4 茶匙胡椒還有百里香葉片，攪拌至充分混合。將溫熱的醬汁倒在珍珠麥和豆子上，加入孢子甘藍，充分翻攪到均勻混合並裹上醬汁即可。趁熱上桌。

1人份

能量爆炸優格

ENERGY BLAST YOGURT

為全新一天拉開序幕的最佳早餐，應該要能讓你振奮並開始行動、但不會讓你感到飽脹，或造成你在上午過一半時當機，並有著新鮮、驚奇的味道。結合燕麥片的持久動力、來自水果和蜂蜜爆發出的甜蜜，這樣的1碗美食將讓你有個順利的開始。你甚至可以期待從那些讓人口舌生津的莓果中得到抗氧化物的巨大助力。

2/3 杯原味脫脂希臘優格

半茶匙蜂蜜

1小撮肉桂粉

2湯匙燕麥片

1顆檸檬的檸檬皮，磨成細屑

1湯匙藍莓乾

1茶匙烘焙無鹽葵花籽

將優格、蜂蜜、肉桂、燕麥片和檸檬皮放進一個小碗內攪拌混合。靜置約5分鐘讓燕麥片軟化。將藍莓乾和葵花籽灑在上面享用。

4人份

甜菜根和綠色蔬菜搭配榛果優格—蒔蘿醬

BEETS AND GREENS WITH HAZELNUTS AND YOGURT-DILL SAUCE

約680克的大顆紅色甜菜根，去皮切成約2.5公分大小的塊狀

2瓣大蒜，搗成蒜泥

1小片月桂葉

1把紅甜菜葉，將葉子剝下，菜梗留下切碎，菜葉粗略切碎

猶太鹽和新鮮研磨的黑胡椒

3/4 杯低脂優格，乳製品或素食的皆可

4根蔥，切成細末

半杯切細的蒔蘿葉，分次加入

半茶匙孜然粉

1/3 杯去皮烘烤過的榛果

將甜菜根、大蒜還有月桂葉放進一個加滿水的大平底鍋內，用大火煮開，之後將火力調小成中火，烹煮到甜菜根用刀刺下時剛好軟化的程度，需時35到40分鐘。加入紅甜菜梗煮3分鐘；邊攪動邊加入紅甜菜葉，煮到變軟但不糊爛，需時1到2分鐘。將蔬菜放入濾盆中瀝乾，加入鹽和胡椒各半茶匙翻動混合。徹底瀝乾，搖動濾盆去除所有水分，將蔬菜移到上菜盤中。挑出大蒜和月桂葉。

同時，將優格、蔥、所有的蒔蘿（預留2湯匙）、孜然、半茶匙鹽和1/4茶匙黑胡椒放進一個中型碗內，攪拌至混合均勻即可。

上菜時，將部分優格醬汁淋在甜菜根和綠色蔬菜上，剩下的醬汁放在桌上傳遞使用。用榛果和剩下的蒔蘿作裝飾。

2個大的茴香球莖，修剪整理，保留葉子的部分

4枝新鮮百里香

特級初榨橄欖油

猶太鹽和新鮮研磨的黑胡椒，加上1茶匙的胡椒粒

3瓣大蒜的蒜泥，分次加入

1片月桂葉

2杯蔬菜高湯

1顆臍橙

$^{1}/_{4}$ 杯烘烤過的胡桃

半杯新鮮的平葉荷蘭芹葉片

4人份

烤茴香搭配香橙—胡桃義式調味料

OVEN-BRAISED FENNEL WITH ORANGE-PECAN GREMOLATA

將烤箱預熱到約175°C，並將一個烤架放置在烤箱中央。

將每個茴香球莖穿過菜心對半切開，再小心地將每一半球莖切成4塊，確定菜心被整個切開，而且切出來的茴香塊形狀保持完整。將百里香枝條排放在一個約23公分×33公分的烤皿上，把茴香塊不重疊地平鋪在百里香枝條上。將茴香塊刷上橄欖油，並用鹽和胡椒調味。在烤皿中加入兩瓣大蒜的蒜泥和月桂葉；將蔬菜高湯倒進烤皿中，用鋁箔紙蓋起來放進烤箱，烘烤到用小刀穿刺茴香最厚的部分時感覺是柔軟的即可，需時約1小時。將烤皿上的鋁箔紙打開，再放回烤箱，將溫度調高到220°C。繼續烤製到茴香呈金棕色、大部分湯汁都蒸乾即可，需時約超過15分鐘。

同時，用削皮刀沿著臍橙的縱向，將果皮削成又長又薄的條狀，不用去除白色內皮。將臍橙皮放進食物調理機中，加入胡桃和剩下的蒜瓣，斷續攪打到碎成細末。加入荷蘭芹葉片、茴香葉、半茶匙鹽和1/4茶匙胡椒，斷續攪打到碎成細末，但不要打成粉狀，之後將它移至碗中。

用漏勺將茴香移到上菜盤裡，把百里香和月桂葉留在烤皿中。舀一點點烤皿中剩餘的湯汁淋在茴香上。舀一點點香橙義式調味料灑在每塊茴香上，剩餘的調味料留待上桌使用。

1棵大的高麗菜，稍加修剪

特級初榨橄欖油

猶太鹽和新鮮研磨的黑胡椒

1 1/4 杯蔬菜高湯或水

1杯各種顏色的庫斯庫斯

2湯匙蘋果醋

1茶匙乾的義式調味料

1小撮紅辣椒片

1罐15盎司裝的白腰豆罐頭，瀝乾

半杯新鮮平葉荷蘭芹的葉片，切成細末，分次加入

2個李子蕃茄，去芯去籽，切成細末

4人份

高麗菜素牛排搭配醃泡白腰豆庫斯庫斯

CABBAGE STEAKS WITH MARINATED WHITE BEAN COUSCOUS

將烤箱預熱至205°C。在烤盤內鋪上鋁箔紙。

將高麗菜以菜心為底直立起來，用一把鋒利的刀小心地從上到下將高麗菜切成4等份，厚度大約2.5公分厚。將切好的高麗菜移到烤盤裡，每份菜之間留下足夠的距離，好讓它們不會彼此接觸。將大約1湯匙橄欖油刷在菜的表面；用鹽和胡椒充分調味。放進烤箱烘烤，中途將菜翻面，烤到菜心變軟、外側的菜葉變成棕色酥脆即可，需時40到45分鐘。將烤盤從烤箱中取出，把高麗菜移到上菜盤中。

同時，將蔬菜高湯和半茶匙鹽放進一個小平底鍋，用中火慢慢燒開；邊攪拌邊加入庫斯庫斯，蓋上蓋子，從爐火上移開。

將3湯匙橄欖油、醋、義式調味料、辣椒片，還有1/4茶匙鹽放入一個中型碗內攪打至混合在一起。加入豆子，輕輕翻動到均勻裹上醬汁即可。

用叉子將庫斯庫斯撥鬆，把庫斯庫斯和豆子與3/4的荷蘭芹一起移到碗中。輕輕翻動到充分混合而且均勻裹上醬汁；試味，用鹽和胡椒調味。

將豆子庫斯庫斯沙拉用湯匙舀到高麗菜牛排上；用剩下的荷蘭芹和番茄丁裝飾。如果想要的話，可以另外灑上橄欖油上桌。

4人份

柑橘—瑪薩拉香料羽衣甘藍脆片

CITRUS-MASALA KALE CHIPS

1湯匙葡萄籽油或葵花籽油

細緻磨碎的半顆檸檬皮

細緻磨碎的半顆萊姆皮

1 1/4 茶匙葛蘭瑪薩拉香料（garam masala spice），或是，半茶匙孜然粉、1/4 茶匙香菜粉、1/4 茶匙荳蔻粉、1/4 茶匙肉桂粉、1小撮黑胡椒以及1小撮丁香粉

1把重約450克的羽衣甘藍，清洗拍乾，將菜梗去掉

猶太鹽

將烤箱預熱到120°C。在烤盤內鋪上烘焙紙。

將油、檸檬皮和萊姆皮，還有葛蘭瑪薩拉香料在一個大碗中攪打混合。加入羽衣甘藍，用橡皮刮刀翻動，以刮刀按壓，讓菜葉充分裹上混合香料。將菜葉均勻鋪開在烤盤上，灑少許鹽。在烤箱中烘烤，中途攪拌一次，烤到非常酥脆而且開始微呈金棕色即可，需時約45分鐘。

在烤盤中放到完全涼透。可當作零食食用，將剩下的烤羽衣甘藍放進密封袋中，在室溫下儲存。

4人份（大約6杯）

番茄白腰豆湯

TOMATO AND WHITE BEAN SOUP

1湯匙特級初榨橄欖油

1顆黃洋蔥，切碎

2瓣大蒜，切碎

1茶匙番茄糊

1大枝新鮮百里香

1小片月桂葉

猶太鹽和新鮮研磨的黑胡椒

1罐15盎司裝的番茄丁，包含湯汁

1罐15盎司裝的白腰豆（白腎豆cannellini beans或海軍豆navy beans），瀝乾

32盎司薄鹽雞高湯（或者用薄鹽蔬菜高湯代替）

用一個大平底鍋中火加熱橄欖油。

加入洋蔥和大蒜煮到兩者軟化，需時約4分鐘。加入番茄糊，攪拌煮至番茄糊開始出現焦化，需時2到3分鐘。

加入百里香、月桂葉、鹽和胡椒。加入番茄丁罐頭和湯汁，煮滾到大部分的湯汁收乾，需時約5分鐘。

加入豆子和雞高湯，煮到豆子開始軟化分解即可，需時約10分鐘。

將月桂葉和百里香枝條撿出。小心地將大約1杯分量的湯移到食物調理機裡打成泥，再將它放回平底鍋內（或者用手持攪拌器將鍋裡大約$1/4$的湯攪拌成泥、直到變得濃稠即可）。

用鹽和胡椒依口味調味，趁熱上桌。

4人份

辣味馬鈴薯鑲芥蘭

SPICY COLLARD-STUFFED POTATOES

噴霧式食用油

3湯匙橄欖油，分次加入

2個大的馬鈴薯，縱向對半切開

猶太鹽和新鮮研磨的黑胡椒

2棵大蔥，切片

2瓣大蒜，切碎

2個弗雷斯諾辣椒（fresno chili），去籽切碎

1捆大約340克重的芥蘭，去掉菜梗，粗略切碎

1茶匙煙燻紅椒粉，上菜時用的再額外添加

將烤箱預熱到205°C。將鋁箔紙鋪在烤盤中並噴上一層食用油。將馬鈴薯表面刷上1湯匙橄欖油，用鹽和胡椒充分調味。將馬鈴薯切面向下烘烤，直到用小刀可以沒有阻力地戳進馬鈴薯即可，需時約40分鐘。將馬鈴薯翻正，移到盤子上稍微放涼。

將剩餘的油放進一個大鍋內用中大火加熱；將蔥放入鍋中烹煮，攪拌至軟化並開始呈現棕色，需時3到4分鐘。加入大蒜和辣椒繼續烹煮，攪拌至軟化即可，需時1到2分鐘。加入綠葉甘藍、紅椒粉、1茶匙鹽、半茶匙胡椒，還有半杯水；用夾子翻動，直到菜葉開始變軟即可。蓋上鍋蓋，將火力調小至中火繼續烹煮，不時翻動，直到蔬菜完全變軟但不糊爛，需時約45分鐘。試味，並用鹽和胡椒調整味道。

用一把鋒利的小刀在不將皮切斷的情況下，把馬鈴薯劃開，用叉子將馬鈴薯壓碎，每塊馬鈴薯的半邊放上1/4的蔬菜，灑上紅椒粉，上菜。

4人份

超簡易雞肉沙拉

SERIOUSLY SIMPLE CHICKEN SALAD

去皮去骨的熟雞胸肉2杯，切碎

1根芹菜，切半

半顆酪梨，切碎

半個紅甜椒，切碎

半杯低脂香草油醋醬

1/4杯切碎的新鮮香菜

2根蔥，修剪整齊並切半

4個全麥小圓麵包

4片番茄

將雞肉、芹菜、酪梨、甜椒、油醋醬、香菜還有蔥一起放進攪拌器中。攪打至粗糙顆粒感，並攪拌均勻即可。將沙拉分到4個小圓麵包上，每1份上面放1片番茄上桌。

4人份

奶油素食筆管麵搭配蘆筍、毛豆和薄荷

CREAMY VEGAN PENNE WITH ASPARAGUS, EDAMAME, AND MINT

1杯無乳製品酸奶油

猶太鹽和新鮮研磨的黑胡椒

1茶匙細緻磨碎的檸檬皮

半茶匙細緻磨碎的新鮮大蒜

約450克全穀類筆管麵

約227克的蘆筍，修剪整齊並切成約2.5公分長

半杯去殼的冷凍毛豆，解凍

1/3杯裝得鬆散的薄荷葉，切細，分次加入

磨碎的素食帕馬森乾酪，用於上菜，非必須

將酸奶油、半茶匙鹽、1/4茶匙胡椒、檸檬皮還有大蒜放進一個小碗中攪拌至混合，放在一邊備用。

用一個大鍋，將加了1湯匙鹽的64盎司水燒開；邊攪拌邊加入義大利麵，煮10分鐘。倒出半杯煮麵水，將蘆筍拌入煮麵鍋中，煮到蘆筍變軟、義大利麵彈牙有嚼勁即可，需時約2分多鐘。將義大利麵瀝乾並放回鍋裡。

將裝了義大利麵的鍋子放回爐子上，開中火，加入預先留下的煮麵水和備用的毛豆燉煮，攪拌至水分被吸收即可，需時1到2分鐘。將鍋子從爐火上移開，邊攪拌邊加入步驟一混合好的酸奶油；靜置直到充分熱透。試味，並用鹽和胡椒調整味道；加入一半的薄荷，攪拌混合，將義大利麵移到上菜的盤子中。把剩下的薄荷灑在麵上，搭配帕馬森乾酪（如果有使用的話）上菜。

4人份

煙燻鮭魚雞蛋三明治

SMOKED SALMON AND EGG SANDWICH

1/4 杯回到室溫的脫脂奶油起司

1茶匙酸豆，瀝乾

半茶匙乾蒔蘿

4個全麥英式鬆餅，切開成兩半並烘烤

噴霧式食用油

4個大的雞蛋

猶太鹽和新鮮研磨的黑胡椒

約113克的煙燻鮭魚（不加糖）

用橡皮刮刀將奶油起司壓碎到一個小碗內，直到非常滑順並能輕鬆塗開即可。加入酸豆和蒔蘿，混合均勻，將一半分切的英式鬆餅塗抹約一湯匙分量。

將一個大不沾鍋噴上噴霧式食用油，用中火煎雞蛋，蛋黃朝上只煎一面。用鹽和胡椒依口味調味，烹煮至想要的熟度。

將每一片塗好酸奶油的英式鬆餅放上一個煎蛋，平均分配鮭魚在上面，再蓋上另一半鬆餅，上菜。

3個中型櫛瓜，總重大約680克，去梗

1杯全麥日式麵包粉

半茶匙乾百里香

猶太鹽和新鮮研磨的黑胡椒

半杯玉米澱粉

1杯豆漿或杏仁奶

2顆成熟的酪梨，去皮去核，粗略切碎

3根蔥，切碎

1/3 杯新鮮荷蘭芹葉

1/4 杯脫脂原味優格（希臘優格、豆奶優格，或其他素食優格）

3湯匙米醋

4人份

酥脆櫛瓜手指餅乾搭配綠色蔬菜女神沾醬

CRISPY ZUCCHINI FINGERS WITH GREEN GODDESS DIP

將烤箱預熱到205°C。烤盤內鋪上烘焙紙。

將櫛瓜縱向對半切開，再橫切成一半，每一半櫛瓜根據本身的厚度切成約1.3公分到2.5公分的塊狀。將麵包粉、百里香還有鹽和胡椒各半茶匙在一個大盤子上攪拌混合，玉米澱粉則放在另一個淺盤上，植物奶放入淺碗中。

一次處理幾塊，用玉米澱粉沾裹櫛瓜，抖落多餘的粉，然後將每塊櫛瓜沾上植物奶，剛好沾滿即可，之後將櫛瓜塊放到麵包粉上，整塊裹上麵包粉，輕壓讓麵包粉黏附，把裹好麵包粉的櫛瓜塊移到烤盤中烘烤，烤到一半時翻面一次，烤製到顏色呈金棕色，櫛瓜變軟但仍然維持住形狀即可，需時20到25分鐘。在烤盤上稍置冷卻。

同時，將酪梨、蔥、荷蘭芹、優格、米醋、半茶匙鹽還有1/4茶匙胡椒放進食物調理機中，攪打成泥，直到滑順即可。試味，如果有需要再進行調整。若醬汁非常稠就加水稀釋，一次加幾湯匙，直到醬汁黏稠的程度和淡酸奶油一樣即可。

將櫛瓜塊移到盤子上，用綠色蔬菜女神沙拉醬作為沾醬一起上桌。

4人份

清炒雞肉蘑菇

CHICKEN AND MUSHROOM STIR-FRY

3茶匙芥花油，分次加入

3個大的紅蔥頭，縱切成片

約170克洋菇，切成4等份

約170克香菇，切片

2大瓣大蒜，切碎

1茶匙去皮切成細末的新鮮薑

約340克雞柳條，切成約2.5公分見方的肉塊

2茶匙薄鹽醬油

1茶匙米醋

半茶匙麻油

1茶匙玉米澱粉

4根蔥，切碎

在炒鍋或大的平底不沾鍋內，以中大火加熱1茶匙芥花油。轉動鍋子，直到油溫燒得很高。將紅蔥頭和洋菇放入鍋中翻炒，不斷攪動，炒到紅蔥頭軟化、洋菇出水並開始變成棕色（需時6到8分鐘），之後加入大蒜和薑，拌炒約2分多鐘。將蔬菜移到碗中，放置一旁備用。

將剩餘的2茶匙芥花油放進鍋子裡加熱。加入雞肉，拌炒至全熟、肉色無粉紅色的程度即可，需時約5分鐘。將洋菇等蔬菜放回鍋子裡，與雞肉攪拌混合。

將醬油、米醋、麻油，還有玉米澱粉在一個小碗中混合並攪拌至滑順，再倒入鍋中烹煮，翻炒至湯汁開始起泡並變得濃稠。湯汁會讓雞肉和蔬菜帶上光澤。

加入切碎的蔥並翻動數次，移到上菜盤中並立刻上桌。

4人份

黃瓜西瓜酪梨沙拉搭配辣椒薄荷油醋醬

CUCUMBER, WATERMELON, AND AVOCADO SALAD WITH CHILI-MINT VINAIGRETTE

半根黃瓜，縱向對半切開，去籽、切片

約1公斤西瓜，切成小方塊，大約3杯分量

1/4 杯米醋

2茶匙第戎芥末醬

1/3 杯葵花籽油或葡萄籽油

猶太鹽和新鮮研磨的黑胡椒

1個弗雷斯諾辣椒，去梗、去籽，剁碎

1/3 杯新鮮薄荷葉，切成細末

2顆酪梨，去皮、去核，切丁

1/4 杯烘烤過的鹽味葵花子

將黃瓜和西瓜放入一個大碗中。

將醋和芥末放進一個小碗中攪打至混合。攪打過程中慢慢把油加進去，直至乳化；加入半茶匙鹽和1/4茶匙胡椒混合均勻，辣椒和薄荷也加進醬汁裡。將3/4的沙拉醬淋在黃瓜和西瓜上，輕輕地用橡皮刮刀翻動至均勻裹上醬汁即可。

將混合好的黃瓜西瓜移到上菜盤中，把酪梨均勻地鋪散在上面。淋上剩下的醬汁，用一點點鹽調味，灑上葵花子，上菜。

辣味胡蘿蔔根芹菜湯

SPICY CARROT AND CELERY ROOT SOUP

4人份（大約6杯）

1湯匙特級初榨橄欖油

2個大的紅蔥頭，切碎

2瓣大蒜，打碎成泥

1湯匙去皮磨碎的薑

半個小的墨西哥辣椒，去籽切碎

3根大的胡蘿蔔，去皮切碎

1個中型的芹菜根，去皮，粗略切碎

半杯柳橙汁

32盎司蔬菜高湯

猶太鹽和新鮮研磨的黑胡椒

1顆檸檬的檸檬汁

4根蔥切片，裝飾用

在一個大平底鍋中倒入橄欖油，用中火熱油。加入紅蔥頭和大蒜煮到軟化，需時約5分鐘。加入薑和墨西哥辣椒並充分攪拌。

加入胡蘿蔔、芹菜根和柳橙汁小火慢煮。攪拌至湯汁稍微收乾，需時2到3分鐘。

加入蔬菜高湯，用鹽和胡椒調味，煮滾後將火力調整為中小火，蓋上蓋子，煮至胡蘿蔔和芹菜根完全變軟分解即可，需時30到40分鐘。

將湯分批用攪拌機或手持攪拌器打成泥後，把湯倒回鍋子裡。用檸檬汁、鹽和胡椒依口味調味。

用勺子將湯舀進碗裡，灑上裝飾用的蔥，趁熱上桌。

1個口袋餅，水平掰開成2片圓餅

1/4 杯葡萄籽油或葵花籽油，分次加入

1茶匙香菜粉，分次加入

猶太鹽

3湯匙蘋果醋

1茶匙蜂蜜

1個大約450克重的芹菜根，去皮切絲

2個中型茴香球莖，修剪整齊，保留葉子部分，去芯並切成薄片

2顆華盛頓蘋果，例如加拉蘋果或蜜脆蘋果，切絲

1茶匙全穀類芥末

新鮮研磨的黑胡椒

1湯匙切碎的新鮮龍蒿或1茶匙乾龍蒿

4人份

茴香頭芹菜根蘋果沙拉搭配油煎皮塔口袋餅

FENNEL, CELERY ROOT, AND APPLE SALAD WITH PITA CROUTONS

將烤箱預熱到205°C。

將掰開的兩半口袋餅放在烤盤上，刷上2湯匙油。將一半香菜粉和用來調味的鹽灑在口袋餅的兩面。放進烤箱烘烤，翻面一次，直到烤成金黃色但還沒有偏棕色，需時8到10分鐘。放到一旁冷卻。

將醋和蜂蜜在一個中型碗中攪打至混合；加入芹菜根，翻動至裹上醬汁。靜置15分鐘。用一支大的漏勺將芹菜根移到上菜碗內，加進茴香和蘋果。

將剩下的香菜粉、芥末、半茶匙鹽和1/4的黑胡椒放進醋－蜂蜜混合醬汁的碗內攪打至混合，同時，慢慢淋入剩餘的油，攪打至乳化且混合醬汁變得滑順即可。將沙拉醬淋在蔬菜和蘋果上，翻動裹上醬汁。靜置10分鐘。

在沙拉中加進龍蒿，翻動並試味，用更多的鹽和胡椒調味。將酥脆的口袋餅掰成大塊放在沙拉上（編按：也可將沙拉放進口袋餅裡品嘗），用茴香葉裝飾，上菜。

4個大的紅甜椒（或者可以用不同顏色甜椒的組合）

2湯匙橄欖油，分次加入

約450克瘦的牛絞肉

1個中型洋蔥，切碎

2瓣大蒜，切成細末

2湯匙辣椒粉

1茶匙乾奧勒岡

1茶匙褐芥末

半茶匙洋蔥粉

猶太鹽和新鮮研磨的黑胡椒

1罐半14.5盎司裝的罐裝番茄丁

1罐8盎司裝的番茄醬

1/4 杯番茄糊

1杯煮熟的紅扁豆或綠扁豆

3湯匙磨碎的帕馬森乾酪

4人份（大約6杯）

甜椒鑲肉

MEAT-STUFFED PEPPERS

將烤架放置在火源上方約20公分處，預熱烤架。將鋁箔紙鋪在烤盤上。

用大火將一大鍋水燒開。將甜椒的頂端切下，去除籽和內膜。用冷水清洗甜椒。

將甜椒放入鍋中，把火調小，文火煮5分鐘或煮到甜椒變軟。將甜椒瀝乾，放置一旁備用。

將1湯匙橄欖油放進一個大的平底煎鍋，用中大火加熱，倒入牛肉，將牛肉煎成棕色，之後用鍋鏟將牛肉移出，放置在一旁備用。將多餘的油脂從煎鍋中倒出，用中大火熱鍋，放入剩餘的橄欖油。

加入洋蔥和大蒜。拌炒至軟化並散發香氣，需時2到3分鐘。加入辣椒粉、奧勒岡、芥末和洋蔥粉，拌炒均勻，使其覆蓋在蔬菜上。用鹽和胡椒依口味調味。

加入番茄、番茄醬和番茄糊。攪拌並文火燉煮3到4分鐘。放入肉和扁豆，燉煮到徹底熱透。

在甜椒中塞入牛肉混合餡料，並將塞好餡的甜椒正面朝上放在烤盤裡。撒上帕馬森乾酪，高溫炙烤3到5分鐘，或烤到帕馬森乾酪呈金棕色。

猶太鹽

約450克全穀類義大利螺旋麵

3湯匙特級初榨橄欖油

4大瓣大蒜，切成薄片

約227克豆莢，修剪整齊並切成約2.5公分長的小塊

2個紅蔥頭，切成細末

1湯匙番茄糊

約2杯各種顏色的小番茄，對半切開

新鮮研磨的黑胡椒

4人份

義大利螺旋麵搭配豆莢、番茄還有烤大蒜

FUSILLI WITH GREEN BEANS, TOMATOES, AND TOASTED GARLIC

將一大鍋水燒開並加入1湯匙鹽；攪拌加入義大利麵，依照包裝上的說明煮軟到略有嚼勁的程度。留下1杯煮麵水，將義大利麵瀝乾放回鍋子裡。

同時，將油和大蒜一起放進一個大的平底煎鍋，用中火翻炒。頻繁翻攪至大蒜開始變成金棕色即可，需時3到4分鐘(不要煮過頭了)；用漏勺將大蒜移到墊了紙巾的盤子裡。

將火力調大至中大火，加入豆莢，只需要翻炒數次，炒到豆莢有一點焦且脆嫩即可，需時5到6分鐘。用漏勺將豆莢移到裝了義大利麵的鍋子裡。

將煎鍋放回爐子上，放入紅蔥頭，用中大火翻炒到軟化，需時約2分鐘。加入番茄糊邊攪拌邊煮，煮到番茄糊開始變成棕色，需時2到3分鐘。

倒入預留的煮麵水，邊攪拌邊煮至湯汁接近沸騰、番茄糊融化，而且湯汁稍微變稠，需時2到3分鐘。將番茄-紅蔥頭的湯汁倒入裝有義大利麵和豆莢的鍋子裡，將番茄拌入其中。將鍋子放到爐子上，用中火烹煮，輕輕攪拌至湯汁接近沸騰並收乾，同時番茄被煮軟，需時4到5分鐘。試味，用鹽和胡椒調味。

將成品移到上菜盤中，放上煎過的蒜片，上菜。

4人份

燒烤櫛瓜及茄子，搭配是拉差香甜辣椒芝麻油醋醬

GRILLED ZUCCHINI AND EGGPLANT WITH SRIRACHA-SESAME VINAIGRETTE

1/4 杯葡萄籽油或葵花籽油，分次加入

2茶匙蜂蜜，分次加入

1顆約450克重的中型圓茄，去梗並縱切成8塊

2根中型櫛瓜，總重約450克，縱切成4等份

猶太鹽和新鮮研磨的黑胡椒

1/4 杯是拉差辣椒醬或你喜歡的辣椒醬

1/4 杯米醋

2茶匙麻油

烘烤過的芝麻和摘下的新鮮薄荷葉，上菜用

將瓦斯燒烤爐或瓦斯爐用燒烤盤以中大火預熱。將2湯匙油和1茶匙蜂蜜在一個小碗中攪打混合；用此混合醬汁刷滿茄子和櫛瓜，用鹽和胡椒調味。將切成長條的茄子切口朝下，放在烤架或烤盤上燒烤，不要翻動，直到開始出現炙烤的紋路，需時約5分鐘；將茄子翻轉到另一面的切口處，炙烤到紋路出現，需時3到4分鐘，之後翻成皮朝下，烤製到軟化但仍維持形狀，需時3到4分鐘以上。將烤好的茄子移到盤子裡，換櫛瓜塊放到烤架上燒烤，翻面一次，烤到微焦且變軟，但仍維持形狀即可，需時5到6分鐘；移到放茄子的盤子裡。

在一個中型碗內將剩下的油和蜂蜜、是拉差辣椒醬、醋、麻油，還有鹽和胡椒各半茶匙攪打到充分混合。將混合醬汁淋在茄子和櫛瓜上，灑上芝麻和薄荷葉，趁熱或回到室溫上菜食用。

4人份

風琴馬鈴薯搭配綠莎莎醬

HASSELBACK POTATOES WITH SALSA VERDE

4個大的紅皮馬鈴薯（1個約340克），去皮、清洗晾乾

6湯匙酪梨油、葡萄籽油或葵花籽油，分次加入

1大瓣大蒜，壓成蒜泥，外加2小瓣大蒜

半茶匙孜然粉

猶太鹽和新鮮研磨的黑胡椒

1杯新鮮的平葉荷蘭芹葉片

半杯新鮮薄荷葉

1/3 杯新鮮蒔蘿葉

1個小的紅蔥頭，粗略切碎

2湯匙瀝乾的酸豆

2茶匙白酒醋

將烤箱預熱到175° C。

將馬鈴薯縱向對半切開。將半個馬鈴薯切口朝下放在砧板上，在長邊的兩端各放上一支筷子。用一支鋒利的刀子，將馬鈴薯每隔0.3公分橫切成薄片，用筷子作為輔助引導，防止將馬鈴薯切斷，將切好的馬鈴薯移到烤皿中；重複相同步驟，處理好剩下的馬鈴薯。

在一個小碗裡加入3湯匙酪梨油與一大瓣大蒜和孜然，攪打到混合。用3/4 的混合油刷在馬鈴薯所有面上，確認切面處也有刷上醬汁以免黏鍋。用鹽和胡椒略為調味。烘烤1小時，中途將剩餘的混合油刷在馬鈴薯頂端，烤至金棕色且軟嫩即可。

同時，將荷蘭芹、薄荷、蒔蘿、紅蔥頭、酸豆，以及兩小瓣大蒜放進食物調理機，攪打到成極細的細末，再移到碗中；加入剩下的3湯匙油、醋、1/4 茶匙鹽，還有一小撮黑胡椒，攪拌混合。試味並調整味道。

將馬鈴薯移到上菜盤中，舀一些綠莎莎醬在每塊馬鈴薯上；把剩下的綠莎莎醬上桌。這些馬鈴薯是絕佳的配菜，或者搭配甜奶油生菜沙拉成為豐盛的一餐。

1個中型茄子，約450克重，切成約2.5公分見方的小塊

1個大的紅甜椒，去梗、去籽，切成4塊

3湯匙特級初榨橄欖油，額外準備更多作為淋醬用

猶太鹽和新鮮研磨的黑胡椒

約227克米粒麵，普通或全麥的都可以

6根蔥，切片，將蔥白和蔥綠分開

1茶匙孜然粉

半茶匙五香粉

半茶匙薑黃粉

1/4 茶匙肉荳蔻粉

1湯匙新鮮檸檬汁，需要的話可以加更多

4人份

中東——香料米粒麵搭配焦化茄子和甜椒

MIDDLE EASTERN–SPICED ORZO WITH CHARRED EGGPLANT AND PEPPERS

將一個烤架放在火源上方約15公分處，預熱烤架。

將茄子和甜椒放在可用於烤架的烘烤盤上，淋上橄欖油，用鹽和胡椒調味並翻動混合。將紅椒皮朝上放置；把烤盤移到爐子上焙烤，中途翻動茄子，直到表面全部變黑變軟即可，需時10到12分鐘。

將茄子移到上菜碗中；甜椒稍微放涼，小心地用刀子把烤焦的皮刮掉後粗略切碎。將甜椒移到放了茄子的碗裡。

同時，在一個大的深平底鍋中用滾沸的鹽水煮米粒麵，頻繁攪動，依照包裝上的說明煮軟至略有嚼勁的程度即可。留下半杯煮麵水，將米粒麵瀝乾，移到放蔬菜的碗裡。

將平底鍋移回爐子上，開中火加熱直到鍋中的水蒸發；在鍋中放入3湯匙油和蔥白、鹽和胡椒各半茶匙、孜然粉、五香粉、薑黃粉還有肉荳蔻粉烹煮，煮至蔥白軟化、鍋中的混合物散發出非常濃郁的香味，需時3到4分鐘。將鍋子從爐火上移開，邊攪拌邊加入檸檬汁，並將此醬汁倒在米粒麵和蔬菜上。翻動並灑入煮麵水，直到米粒麵和蔬菜被均勻濕潤即可。試味並用額外的鹽、胡椒，還有檸檬汁調味。

將一半的蔥綠拌入，另一半灑在表面；上菜。

4人份

摩洛哥香料地瓜條搭配檸檬口味中東芝麻淋醬

MOROCCAN-SPICED SWEET POTATO WEDGES WITH LEMONY TAHINI SAUCE

4個中等大小的地瓜，總重約1.1公斤，去皮切成約2.5公分的楔形塊狀

2湯匙特級初榨橄欖油

1茶匙孜然粉

半茶匙磨碎的薑

半茶匙肉桂粉

猶太鹽和新鮮研磨的黑胡椒

半杯脫脂原味優格

2湯匙新鮮檸檬汁

2湯匙中東芝麻淋醬

4根蔥，切碎，分次加入

將中間放好架子的烤箱預熱到245°C。將烘焙紙鋪在烤盤裡。

將地瓜條放進一個大碗中淋上油，翻動地瓜讓油均勻裹在地瓜條上。在一個小碗中將孜然、薑、肉桂、1茶匙鹽、半茶匙胡椒一起攪拌混合。將香料灑在地瓜上，翻動直到地瓜均勻裹上香料。將地瓜切面朝下排在烤盤上。烘烤至熟透並呈金棕色，中途翻面一次，需時約35到40分鐘。在烤盤上略微放涼。

同時，將優格和檸檬汁一起放進一個中型的碗內攪打；加入中東芝麻醬還有鹽和胡椒各半茶匙，混合均勻，加入1/4杯的蔥。

將地瓜移到上菜盤中，並在上面淋上一些芝麻淋醬。將剩下的蔥灑在地瓜塊上，剩餘的醬汁伴桌使用。

4人份

烤蘑菇、朝鮮薊及蒲公英嫩葉蔬菜沙拉

OVEN-ROASTED MUSHROOM, ARTICHOKE, AND DANDELION GREENS SALAD

約227克的洋菇，切成4等份

約227克的秀珍菇，切成厚片

1/4杯特級初榨橄欖油，分次加入

猶太鹽和新鮮研磨的黑胡椒

2個大的紅蔥頭，切成環狀薄片

1罐12盎司裝的醃1/4朝鮮薊，瀝乾，加上2湯匙罐頭裡留下的湯汁

1湯匙蘋果醋或雪莉醋

1湯匙切碎的新鮮龍蒿1茶匙乾龍蒿

1把約450克的蒲公英葉，去掉粗梗，大略撕碎

約56克新鮮的山羊起司或農夫乳酪，弄碎，非必須

將烤箱預熱到220°C。

將菇類和2湯匙橄欖油放入一個大烤盤中，翻動直到所有的菇都沾上油；用鹽和胡椒調味。放進烤箱烘烤，中途翻動一次，烤到菇出水並開始變成棕色，需時約30分鐘。將烤盤從烤箱中取出，把紅蔥頭灑在菇上，攪拌均勻，將烤盤放回烤箱內。繼續烘烤到紅蔥頭變軟且剛好開始變成棕色，需時6到8分鐘；將烤盤從烤箱中取出，稍微放涼。

同時，將剩下的橄欖油、醃朝鮮薊的湯汁、醋、龍蒿、半茶匙鹽和1/4茶匙胡椒一起放進一個大碗中攪拌混合。加入朝鮮薊和3/4的烤菇及紅蔥頭；翻動到全部裹上醬汁，再加入蒲公英葉，輕輕翻動到均勻裹上醬汁。

全移到上菜盤中並在上面灑上剩下的菇和紅蔥頭。用弄碎的山羊起司（如果有使用的話）裝飾，上菜。

4人份

烤箱烘烤的櫻桃蘿蔔，搭配芝麻味噌奶油

OVEN-ROASTED RADISHES WITH SESAME-MISO BUTTER

噴霧式食用油

2把小的櫻桃蘿蔔，例如紅櫻桃蘿蔔、法國早餐蘿蔔，或是非常小的心裡美蘿蔔

1湯匙葡萄籽油或葵花籽油

半杯乳製品或素食奶油，軟化

2茶匙白味噌糊

半茶匙麻油

1茶匙烘烤過的白芝麻

粗鹽，例如馬爾頓鹽或海鹽

將烤箱預熱到205°C。將噴霧式食用油噴在烤盤上。

將櫻桃蘿蔔的頂端修剪整齊，留下約2.5公分長的葉梗；充分清洗並拍乾。（如果蘿蔔的尺寸大於一口大小，將蘿蔔縱向對半切開，確認每一半蘿蔔上都留下一些葉梗）留下大約4個櫻桃蘿蔔的葉子；清洗並拍乾。

將蘿蔔放在烤盤上淋上油並翻動，使其充分裹上油脂。烘烤到脆嫩、刀子可以沒有阻力地戳進最厚的蘿蔔塊即可，需時20到30分鐘。在烤盤上稍微放涼。

同時，將奶油、味噌和麻油在一個中型碗中攪拌至滑順並充分混合。將醬汁移到一個小的寬口碗內，並放在上菜盤的中央。將櫻桃蘿蔔圍繞著放味噌奶油的碗擺放。將預留的蘿蔔葉疊好，薄切成絲，與芝麻一起灑在蘿蔔上。將蘿蔔沾上奶油當作零食或開胃菜上桌。或者，如果你想要的話，可以將味噌奶油的量減半，與溫熱的蘿蔔充分混合，並翻動直到奶油融化，用切好的葉片、芝麻裝飾，用鹽調味後，當作一頓素食餐點的配菜。

4人份

珍珠庫斯庫斯搭配夏南瓜、小番茄，以及開心果油醋醬

PEARL COUSCOUS WITH SUMMER SQUASH, CHERRY TOMATOES, AND PISTACHIO VINAIGRETTE

1/4 杯特級初榨橄欖油，分次加入

1個中型甜洋蔥，切碎

2瓣大蒜，切成細末

1杯半珍珠庫斯庫斯

猶太鹽和新鮮研磨的黑胡椒

2根總重大約450克重的中型櫛瓜或夏南瓜，切成約2.5公分的塊狀

半杯去殼切碎的開心果，分次加入

3湯匙蘋果醋

2茶匙蜂蜜

半杯新鮮荷蘭芹葉

約2杯各種顏色的小番茄，對半切開

在一個大鍋裡用中大火加熱1湯匙橄欖油直到微冒泡泡。加入洋蔥烹煮，不斷翻動至洋蔥變軟，需時約5分鐘。加入大蒜，拌炒1分鐘，再加入庫斯庫斯、1茶匙鹽和半茶匙胡椒烹煮，攪拌至庫斯庫斯開始有點變棕色，需時3到4分鐘。

邊攪拌邊加入夏南瓜和3杯水；煮開並攪拌均勻，將火調小到維持在小滾的狀態。蓋上蓋子繼續燉煮，偶爾攪拌一下，煮到庫斯庫斯變軟且已經吸飽湯汁即可，需時約12分鐘。

同時，留下2湯匙開心果，其餘的全放進攪拌機中，與3湯匙油、醋、蜂蜜、半茶匙鹽和1/4茶匙胡椒一起攪打至滑順。加入荷蘭芹葉，攪打至滑順並呈亮綠色。試味，如果需要的話進行調整。

庫斯庫斯煮好以後，加入番茄攪拌，蓋上蓋子靜置到番茄變軟，需時5分鐘。拌入上一步驟的醬汁，將庫斯庫斯移到上菜用的淺碗裡。用剩下的開心果裝飾，上菜。

4人份

鍋煎柑橘雞肉

PAN-SEARED CITRUS CHICKEN

用色彩亮麗的綜合柑橘切片和果汁，為你的下一頓雞肉餐點增添加勒比海風味。葡萄柚、柳橙，還有萊姆的三重奏，合力創造出獨特的調味，將會讓你咬下的每一口雞肉都爆發充滿陽光的滋味。鍋煎是烹煮雞胸肉的理想方式，因為鍋煎能將肉汁還有柑橘的香氣鎖在肉裡，而且會為肉的表面增添令人愉快的焦痕。

2片大的切半雞胸肉，去骨去皮（大約450克重）

1/4 杯新鮮葡萄柚汁

半顆柳橙的果汁

半顆萊姆的果汁

2湯匙特級初榨橄欖油，分次加入

2瓣大蒜的蒜泥

1根新鮮百里香枝條

猶太鹽和新鮮研磨的黑胡椒

2杯糙米飯（或用綠色沙拉蔬菜代替）

用一把鋒利的刀子將雞胸肉水平片開。將雞胸肉移進一個食品級密封袋中，加入葡萄柚汁、柳橙汁和萊姆汁，1湯匙橄欖油、大蒜還有百里香。用手擠壓袋中的雞肉，使其與醃料混合。冷藏至少15分鐘，不要超過30分鐘。

將剩下的橄欖油放進不沾平底煎鍋中用中火加熱，旋轉鍋子讓油均勻覆蓋鍋子表面。用夾子將雞肉從袋子中取出，將多餘的醃汁甩掉。丟棄醃料，將雞肉放入鍋中並用鹽和胡椒調味。

在不進行翻動的情況下香煎雞肉，煎到底部呈金黃色，需時約5分鐘。將雞肉翻面，再次用鹽和胡椒調味，煎至底部呈金棕色即可，需時約4到5分鐘。

用料理用探針溫度計檢查，雞肉內溫度應至少有74°C。如果溫度不夠，蓋上蓋子煮熟雞肉。

切片前讓雞肉靜置幾分鐘，和米飯一起上桌。

4人份

烤葡萄、苦苣及布格麥沙拉搭配菲達起司

ROASTED GRAPE, ENDIVE, AND BULGUR SALAD WITH FETA

2杯無籽黑葡萄，對半切開

1/3 杯特級初榨橄欖油，分次加入

猶太鹽和新鮮研磨的黑胡椒

6根蔥，切片，蔥白和蔥綠分開

3湯匙白巴薩米克醋或米醋

2茶匙第戎芥末醬

2棵大的比利時苦苣，去芯、對半切開並切成片

2杯煮熟的布格麥，放涼

1棵貝比萵苣，將菜葉分開

半杯弄碎的菲達起司（feta cheese）

將烤架放置在火源上方約15公分處，先預熱烤架。

將葡萄放在烤架用烤盤上，放1湯匙油一起翻動；用鹽和胡椒稍加調味。放在烤架上炙烤，期間翻動一次，烤到葡萄皮開始裂開、葡萄變得多汁即可，需時4到5分鐘。將葡萄從烤架上移開並放涼。

同時，將蔥白放進一個大碗中，把醋倒在上面；靜置5分鐘讓蔥白變軟。加入芥末、半茶匙鹽和1/4茶匙黑胡椒，攪打至芥末融化。在攪打的同時，慢慢地將剩餘的橄欖油加入，攪拌混合且濃稠，之後加入葡萄和所有積在烤盤上的果汁、苦苣，以及一半的蔥綠，翻動使醬汁覆蓋上去。將布格麥加進碗裡，用橡皮刮刀，以合攏交疊的方式均勻地讓麥裹上醬汁。試味並調整味道。

將萵苣葉單層排列在上菜盤中。把布格麥沙拉舀到萵苣葉上，將菲達起司均勻灑在沙拉上，再灑上剩下的蔥綠；上菜。

4人份

煙燻烤花椰菜搭配辣味杏仁醬

SMOKY ROASTED CAULIFLOWER WEDGES WITH SPICY ALMOND SAUCE

噴霧式食用油

1棵大的花椰菜，約900克或1.1公斤，修剪整齊並通過菜心切成4塊

3湯匙葵花籽油或葡萄籽油，分次加入

猶太鹽和新鮮研磨的黑胡椒

1茶匙煙燻紅椒粉

半茶匙孜然粉

1/3 杯杏仁醬

2湯匙水

1到2茶匙辣醬，例如是拉差或紅辣椒醬，適量

2顆李子番茄，去籽切成細末

4根蔥，切成薄片

將烤箱預熱到220° C。將烤盤噴上噴霧式食用油。

用2湯匙油將花椰菜全部塗滿。在一個小碗中將1茶匙鹽、半茶匙黑胡椒、紅椒粉和孜然粉攪拌在一起，直到充分混合。將一半的混合香料均勻灑在花椰菜上。放進烤箱烘烤，翻面一次，烤到花椰菜完全變成棕色、用叉子戳進中心時幾乎無阻力即可，需時約40分鐘。將花椰菜從烤箱中取出並稍微放涼。

同時，將杏仁醬、水、辣醬和剩餘的混合香料放進一個中型碗中，攪打混合直至滑順；試味，並用鹽和胡椒調味。將花椰菜移到上菜盤中，並將杏仁醬汁均勻地淋在花椰菜上。灑上番茄和蔥作為裝飾，上菜。

4人份

米粒麵沙拉搭配蝦、黃瓜及菲達起司

ORZO SALAD WITH SHRIMP, CUCUMBERS, AND FETA

3大條檸檬皮

1顆檸檬汁，分次加入

1瓣大蒜的蒜泥

12顆完整的黑胡椒

約340克中型的蝦（41／50），去殼去泥腸

1杯全麥米粒麵，按照包裝說明煮熟並沖洗

半根黃瓜，切成丁

1/4杯切碎的新鮮蒔蘿

2湯匙低脂橄欖油

猶太鹽和新鮮研磨的黑胡椒

約113克弄碎的菲達起司

將2杯水和檸檬皮、半顆檸檬汁、大蒜，還有胡椒粒一起放進一個中型平底鍋中，用中大火加熱煮開。

將鍋子從爐子上移開，邊攪拌邊加入蝦子並蓋上蓋子。靜置直到蝦徹底熟透變不透明，需時約5分鐘。

將蝦瀝乾。把煮蝦水中的材料丟棄，將蝦至室溫放涼。

將米粒麵、黃瓜、蒔蘿還有蝦放進一個攪拌碗中混合並翻動均勻。用另一個小碗，將剩下的檸檬汁和橄欖油混合一起，攪打至乳化，用鹽和胡椒依口味調味。

把醬汁與碎起司一起加進米粒麵和蝦裡。輕輕翻動直到醬汁被吸收即可。冰鎮後或在室溫下食用皆可。

4人份

義大利麵瓜搭配杏仁——鼠尾草義大利青醬

SPAGHETTI SQUASH WITH ALMOND-SAGE PESTO

1個約1公斤重的義大利麵瓜，縱向對半切開，去籽

半杯特級初榨橄欖油，分次加入，額外準備更多供上菜用

猶太鹽和新鮮研磨的黑胡椒

2大瓣大蒜

1/3 杯烘烤過切片的杏仁，額外準備更多供上菜用

半杯裝得鬆散的平葉荷蘭芹葉

1/3 杯裝得鬆散的新鮮鼠尾草葉

1/3 杯細緻研磨的佩科里諾羊奶乾酪，額外準備更多供上菜使用

將烤箱預熱到205° C。將對半切開的義大利麵瓜放在烤皿中，表面淋上2湯匙油；用鹽和胡椒充分調味。將蒜瓣放進烤皿中，把義大利麵瓜翻成切面朝下，將大蒜蓋在下面。在烤皿中倒入1杯水，再用鋁箔紙緊緊蓋好。烘烤至義大利麵瓜變軟、外皮開始塌陷，需時40到45分鐘。

把鋁箔紙打開，小心地將義大利麵瓜翻正，稍微放涼。將蒜瓣和杏仁一起移進食物調理機。攪打至堅果被研磨成細末變成糊狀；加入荷蘭芹、鼠尾草還有乾酪，攪打至能順暢切碎，必要時可刮一下內壁。在調理機仍在運轉時，慢慢地將剩下的橄欖油加進去直到混合。試味並用鹽和胡椒調味。

用一支大叉子刮切半的義大利麵瓜，去除瓜瓤，用叉子刮出麵條，然後將麵條移到攪拌碗內。加入青醬，用夾子翻動至混合均勻即可。移到上菜碗中，用杏仁、佩科里諾乾酪裝飾，並淋上一些橄欖油。

4人份

辣味泰式炒蔬菜

SPICY THAI VEGETABLE STIR-FRY

一個重約340克的小茄子，切成約2.5公分見方的小方塊

猶太鹽

1/4 杯薄鹽醬油

2湯匙新鮮萊姆汁

1湯匙紅糖

2湯匙葵花籽油或葡萄籽油

1個小的紅洋蔥，縱切成薄片

1個塞拉諾辣椒，橫切成薄片

1瓣大蒜，切成細末

1把重約227克的綠花椰菜，粗略切碎

1個黃色或橙色的甜椒，去梗去籽，切成薄片

半杯羅勒葉，粗略撕碎

蒸好的米飯，上菜用

將茄子放進濾鍋內，灑上鹽，靜置15分鐘。將醬油、萊姆汁還有紅糖一起放進一個小碗內，攪打至糖融化。

將油放進炒鍋或無柄煎鍋以中大火加熱至開始冒煙。放入洋蔥和辣椒，不斷翻炒至軟化並開始變成棕色，需時3到4分鐘。加入大蒜和茄子，用力翻炒至茄子的邊緣呈棕色並開始變軟，需時約5分鐘。

加入綠花椰菜和甜椒烹煮，頻繁攪拌，直到甜椒軟化並開始萎焉、綠花椰菜的菜梗變得脆嫩，需時6到8分鐘。將混合好的醬油倒入鍋中，翻動至湯汁沸騰變得濃稠，並讓蔬菜稍微帶有光澤。將鍋子從爐子上移開，拌入羅勒葉。移到淺碗內，趁熱與米飯一起上桌。

1個中型紅洋蔥，切成4個環狀厚片
4個大的甜菜根，刷洗乾淨
1湯匙特級初榨橄欖油
2茶匙巴薩米克醋，分次加入
1整顆檸檬細緻研磨的檸檬皮
半杯低脂瑞可達起司（ricotta cheese）
猶太鹽和新鮮研磨的黑胡椒
6杯芝麻菜嫩葉
1茶匙新鮮檸檬汁
¼杯烤過的去殼開心果

4人份

烤甜菜根搭配芝麻菜、開心果及檸檬風味瑞可達起司

ROASTED BEETS WITH ARUGULA, PISTACHIOS, AND LEMON-SCENTED RICOTTA

將烤箱預熱到205° C。

將4片約30公分見方的鋁箔紙鋪在工作臺上。每片鋁箔紙上放一塊洋蔥厚片，每塊洋蔥上放一個甜菜根。將油和一半的醋淋在上述每一個洋蔥-甜菜根的組合上，並用鋁箔紙包起來。

將包好的蔬菜放在烤盤上，放進烤箱中央烘烤至刀子戳進甜菜根幾乎無阻力即可，需時1小時到1小時15分。將烤盤由烤箱中取出，靜置放涼到可以處理。

把蔬菜包打開。用紙巾把每個甜菜根的皮搓掉。將甜菜根切塊並放進碗裡。灑上剩餘的醋，翻動至甜菜被均勻包裹。將烤好的洋蔥厚片分開成為洋蔥圈。

在一個小碗中將檸檬皮屑以交疊折合的方式壓進起司裡，用鹽和胡椒稍加調味。

將芝麻菜鋪在上菜盤中。將烤好的洋蔥圈分散鋪在綠色蔬菜上並灑上檸檬汁。用鹽和胡椒調味，輕輕翻動讓綠色蔬菜沾上醬汁。

將甜菜根擺放在綠色蔬菜上面。用兩支湯匙把檸檬風味的瑞可達起司一小團一小團滴在整盤沙拉上。最上面灑上開心果，上菜。

4人份

全麥義大利細麵搭配瑞士甜菜、核桃及醃漬紅蔥頭

WHOLE-WHEAT SPAGHETTI WITH SWISS CHARD, WALNUTS, AND PICKLED SHALLOTS

1/4杯紅酒醋

1湯匙蜂蜜

猶太鹽

2個大的紅蔥頭，切成薄片

1把重約450克的綠色瑞士甜菜（swiss chard），將菜梗的粗莖摘除後切碎，菜葉橫切成細絲

約450克全麥義大利細麵

2湯匙無鹽奶油，非必須

半杯磨碎的佩科里諾羊奶乾酪（pecorino cheese），額外準備更多供上菜使用

半杯核桃，烘烤後粗略切碎，分次加入

新鮮研磨的黑胡椒

將醋、蜂蜜和半茶匙鹽一起放進一個中型的碗內攪打至混合；加入紅蔥頭，翻動讓醬汁將其浸沒。在煮義大利麵的同時，讓它靜置10分鐘。

將64盎司的水煮開；放入1湯匙鹽、甜菜梗和義大利麵烹煮，頻繁攪動，依照包裝上的說明，將義大利麵煮至略有嚼勁的程度即可。取出1杯半的煮麵水；將義大利麵和菜梗瀝乾後留在漏勺中。

將1杯煮麵水倒進煮義大利麵的鍋子裡，用中大火加熱到大滾。加入切好的甜菜葉翻煮，煮至萎焉即可，需時2到3分鐘。加入義大利麵和菜梗，翻煮至湯汁開始冒泡泡即可。加入奶油和乾酪，攪拌至融化且滑順，需要的話加入更多的煮麵水，製作出絲滑的醬汁。加入一半的核桃並翻動；試味並用鹽和胡椒調味。

將義大利麵移到上菜盤中，並用額外準備的乾酪裝飾。將紅蔥頭中多餘的湯汁瀝掉，和剩下的核桃一起灑在義大利麵上；上菜。

Chapter 10

吃素潮計畫中的零食

PLANT POWER SNACKS

以下你將發現1份可以從中選擇的素食潮計畫零食清單。這並不是1份全面且詳盡的清單，因為零食的選項幾乎是無窮無盡的。不過對你來說，這份清單是讓你可以盡情享用零食的良好起點。為了便於你的搜尋，零食清單合宜地區分成植物性和動物性。大部分清單中的零食熱量都少於或等於150卡。盡可能遵守分量的大小，不過可以發揮創意，隨意混搭其中的部分材料。展開實驗，好好玩！

植物性零食（PBF）

- 淋上莎莎醬的烤小馬鈴薯
- $3/4$ 杯加少許海鹽的烤花椰菜
- 半根大號的黃瓜切成條狀或圓片，用2湯匙鷹嘴豆泥做蘸料
- 1杯 Cheerios 穀片
- 2片新鮮圓形鳳梨片，每片厚度 $1/4$ 英吋（約0.6公分），炙烤或嫩煎
- 2根芹菜和2湯匙有機花生醬
- 3根中型麵包棒，搭配2湯匙鷹嘴豆泥
- 1杯半的新鮮水果沙拉
- $1/3$ 杯無糖蘋果醬和半杯乾的早餐穀片
- $3/4$ 杯烤鷹嘴豆
- 1根經過調味的中型烤玉米
- 3個鷹嘴豆泥蔬菜捲
- $3/4$ 杯烤過的杏仁和5顆櫻桃乾
- 3湯匙番茄沾醬（將1個大番茄、半茶匙蒜泥、2湯匙橄欖油和15顆杏仁放入食物處理機，攪打至滑順）和4片皮塔口袋餅切片
- $3/4$ 杯墨西哥沙拉醬和5片墨西哥玉米片
- 自製地瓜片：將2個地瓜切成薄片並放入一個碗中；混入2湯匙橄欖油和海鹽調味。將地瓜片放在鋪了鋁箔紙的烤盤上，在375度的烤箱內烘烤25到30分鐘，直到達到想要的酥脆程度為止。（食用1片地瓜片作為零食，剩下的留著之後再吃。）
- 半杯無糖的無堅果什錦果仁
- 4顆杏桃乾搭配15顆乾烤杏仁
- 有機堅果棒或蛋白質能量棒（熱量小於等於150卡）
- 11片天然藍玉米脆片
- 1個中型芒果
- 25顆冷凍紅無籽葡萄
- 5片墨西哥玉米片和 $1/3$ 杯酪梨醬
- 1個大蘋果切片，灑上肉桂
- 6顆無花果乾
- 20顆葡萄搭配15顆花生
- 西瓜沙拉：1杯生菠菜搭配 $2/3$ 杯切成丁的西瓜，灑上1湯匙的巴薩米克醋
- 1杯淋上2湯匙脱脂沙拉醬的生菜
- 3塊烘烤馬鈴薯角
- 3片塗抹少許有機花生醬的餅乾
- 2片方形全麥餅乾和2茶匙堅果醬，灑上肉桂
- 10顆巧克力杏仁果
- 16顆腰果
- 2個中型油桃
- 半杯迷你椒鹽蝴蝶餅和1茶匙蜂蜜芥末醬
- 半個中型酪梨，擠上少許萊姆汁並灑上一點海鹽

- 20顆生杏仁
- 3杯氣爆爆米花
- 1杯半米香
- 2湯匙墨西哥豆泥沾醬（非豬油製成）和墨西哥玉米片
- 3片搭配黑豆莎莎醬的烤茄子
- 16片蘇打餅乾
- 半個酪梨，搭配番茄丁和少許胡椒
- 2個中型奇異果切片
- 3顆新鮮無花果
- 25顆烤花生
- 2湯匙去殼葵花籽
- 1杯櫻桃蘿蔔，切片或切碎，淋上巴薩米克油醋醬
- 17個半顆胡桃
- 1杯切片的櫛瓜（想要的話可以稍加烘烤），依口味用鹽調味
- 羽衣甘藍脆片：將1茶匙橄欖油加進2/3杯略切碎的生羽衣甘藍裡，倒在烤盤上鋪開，以400度烘烤至酥脆
- 1/4杯裝得鬆散的葡萄乾
- 1顆石榴
- 2條冷凍水果棒（不加糖）
- 半杯藜麥或糙米飯
- 2杯西瓜塊
- 半個小蘋果，切片搭配2茶匙堅果醬
- 白腰豆沙拉：半杯白腰豆、擠出來的檸檬汁、1/4杯番茄丁、4片黃瓜片
- 10根浸在2湯匙低熱量沙拉醬中的迷你胡蘿蔔
- 2個小桃子
- 1根大的生胡蘿蔔
- 1杯綜合莓果（草莓、藍莓、黑莓、覆盆莓）
- 蘆筍脆片：將8根蘆筍清洗乾淨並修剪整齊。在1碗中混合1湯匙半去殼葵花籽、半茶匙蒜粉、半顆檸檬的檸檬汁、1/4杯全麥麵包粉、少許研磨的胡椒，還有少許紅椒粉。將蘆筍放在烤盤上，並將上述麵包粉混合物均勻覆蓋在每根蘆筍上。放入350度的烤箱烘烤20到30分鐘，直到酥脆即可。
- 6片素食壽司捲
- 半杯小椒鹽蝴蝶餅和2湯匙鷹嘴豆泥
- 半杯煮熟的有機即食燕麥片，搭配莓果
- 20片有機海苔
- 1片烘烤的豆腐餅乾
- 2勺雪酪
- 半杯烤羽扇豆
- 1/4杯腰果搭配1/4杯蔓越莓乾
- 1杯烘烤蘋果片
- 植物性餅乾（總熱量小於等於150卡）
- 1根水果棒
- 5顆填塞了5顆完整杏仁的去核椰棗
- 40顆去殼開心果

- ¾ 杯切成小方塊的甜瓜
- 1根芹菜切成段以及2湯匙堅果醬
- 3片浸在天然果汁裡的圓形鳳梨片，不加糖
- 10根浸在2湯匙低熱量沙拉醬中的迷你胡蘿蔔
- 3到4湯匙櫻桃乾
- 8到10片黃瓜和2湯匙鷹嘴豆泥
- 西瓜球和蜜香瓜球（總計8個）
- 1片100%全麥麵包或1個全穀類皮塔口袋餅，切成4份，搭配2湯匙鷹嘴豆泥
- 2杯氣爆爆米花，淋上用2茶匙橄欖油、2茶匙切碎的迷迭香、¼ 茶匙用來調味的磨碎檸檬皮，以及少許海鹽混合加熱製成的迷迭香檸檬綜合香料
- 自製什錦果仁：用7顆烤杏仁、2湯匙蔓越莓乾、5片迷你椒鹽蝴蝶餅，還有1湯匙去殼葵花籽混合製成。
- 甜核桃燕麥片（半杯煮熟的鋼切燕麥，放上1湯匙切碎的核桃，並淋上1茶匙有機蜂蜜或100%楓糖漿）
- 半杯地瓜片
- ¾ 杯煮熟的胡蘿蔔
- 4顆杏桃乾搭配1湯匙櫻桃乾
- 小份羽衣甘藍沙拉（1杯羽衣甘藍葉，放上半杯烤鷹嘴豆，並淋上中東芝麻淋醬）
- 15片冷凍香蕉片（通常是一根大的香蕉）
- 半個灑上半茶匙糖的大葡萄柚，想要的話可以炙烤
- 小份綠色蔬菜田園沙拉（綠色蔬菜、番茄、橄欖、切碎的胡蘿蔔）
- 10顆切半核桃和一個切成片的奇異果
- 迷你墨西哥捲餅：將2湯匙豆子沾醬塗抹在1片6英吋（約15公分）的墨西哥玉米薄餅上，上面再放2湯匙莎莎醬
- 1杯葡萄搭配10顆杏仁
- ¾ 杯烤黑豆
- 1杯甜豌豆搭配3湯匙鷹嘴豆泥
- ¾ 杯蒸毛豆，依口味調味和加鹽
- 半杯椒鹽蝴蝶餅和1茶匙蜂蜜芥末醬
- 羽衣甘藍普切塔：烤1片100%全穀類或100%全麥麵包，在上面放上煮熟的羽衣甘藍葉和對半切開的小番茄，依口味用鹽和胡椒調味並淋上巴薩米克油醋醬。
- 烤小馬鈴薯或地瓜，上面放2湯匙鷹嘴豆泥
- 脫水肉桂蘋果：將3顆中型蘋果切成薄片。灑上肉桂。均勻地放在鋪了烘焙紙的烤盤上。放入170度的烤箱烘烤5到6個小時，每小時將蘋果片翻面一次，直到烤到棕色酥脆即可。（食用1片蘋果片作為零食，剩下2片留著之後再吃。）
- 半個紅甜椒，切片後淋上巴薩米克油醋醬，並以鹽和胡椒調味

- 地中海沙拉：將1顆番茄、1根小的黃瓜和¼個紅洋蔥切成丁。淋上巴薩米克油醋醬。
- 3片搭配黑豆莎莎醬的烤茄子
- ¼個紅甜椒切片，¼杯紅蘿蔔薄片，¼杯酪梨醬
- 1杯味增湯
- 1湯匙花生和2湯匙蔓越莓乾
- 50個金魚小餅乾
- 半杯羽衣甘藍脆片
- 3湯匙烤南瓜籽
- 1個大的蘋果、橙子或香蕉
- 4顆填塞了杏仁醬的椰棗
- 半杯黑豆，上面搭配2湯匙酪梨醬
- 6顆椰棗
- 1杯半全素辣豆醬，上面放上切片的酪梨
- 半杯無糖蘋果醬與10顆切半胡桃混合
- ¼杯低脂烘烤酥脆穀麥片
- 2湯匙鷹嘴豆泥，塗抹在4片餅乾上
- 5根迷你胡蘿蔔和3湯匙鷹嘴豆泥
- 2杯炙烤或烘烤的綠花椰菜小花球
- 25顆櫻桃
- 1個米蛋糕搭配1湯匙酪梨醬
- 2條蒔蘿醃黃瓜
- ⅓杯芥末青豆
- 半杯生的或煮熟的蔬菜
- 12片烘烤墨西哥玉米片和半杯莎莎醬
- 1杯小番茄，對半切開並灑上海鹽
- 半張猶太無酵餅
- 1個烤地瓜搭配1茶匙奶油
- ¼顆酪梨搗成泥，塗在1片全穀類餅乾上，搭配巴薩米克醋和海鹽
- 3湯匙烤大豆
- 4片蘇打餅乾果醬三明治：將無糖果醬夾在2片蘇打餅乾中間；總共8片餅乾
- 1根早餐水果棒（熱量小於等於150卡）
- 1根健康酥脆穀麥片棒（熱量小於等於150卡）
- 1個中型的番茄，切片，搭配少許鹽
- 3片搭配黑豆莎莎醬的烤茄子
- 1杯草莓
- 6顆杏桃乾
- 1杯小番茄
- 10顆黑橄欖
- 1個素食藍莓英式鬆餅和1份水果
- 1杯無乳製品奇亞籽布丁
- 有3到4份水果的新鮮水果盤

動物性零食（ABF）

- 1杯藍莓，搭配1球打發鮮奶油
- 番茄莫札瑞拉起司沙拉：將約28克新鮮的莫札瑞拉起司切成小方塊，與11個對半切開的小番茄和2茶匙剁碎的新鮮羅勒在一個碗內混合，然後淋上1湯匙的巴薩米克油醋醬。
- 1小杓低脂冷凍優格
- 希臘式番茄：將1個中型番茄切碎，與1湯匙菲達起司和一點擠出來的檸檬汁混合；如果想要的話可以灑上一些奧勒岡香料
- 熱墨西哥餡餅：將1片墨西哥玉米薄餅的一面用噴霧式食用油噴油，然後放入長柄煎鍋中。在餅上放入1/4杯墨西哥式乳酪絲，對半折起，兩面各烹煮數分鐘，直到起司融化、薄餅變得微微酥脆。如果想要的話，可以搭配2湯匙墨西哥沙拉醬或莎莎醬一起上桌。
- 辣味黑豆：1/4杯黑豆，搭配1湯匙莎莎醬和1湯匙脫脂原味希臘優格
- 半杯罐裝蟹肉
- 約85克煮熟的新鮮蟹肉
- 3顆用1湯匙壓碎的藍紋起司填塞的杏桃乾
- 鑲番茄：10顆對半切開的小番茄，鑲入由1/4杯低脂瑞可達起司、1湯匙黑橄欖丁，還有胡椒和海鹽各少許製成的混合餡料
- 4個煮熟的大號扇貝
- 半杯低脂茅屋起司，搭配1/4杯新鮮切片鳳梨
- 1杯淋上半杯低脂優格的新鮮紅色覆盆莓
- 一個中型紅甜椒切片，搭配2湯匙軟質山羊起司
- 5片黃瓜片搭配1/3杯茅屋起司，並灑上鹽和胡椒
- 1片瑞士起司和8顆橄欖
- 2杯氣爆爆米花搭配1茶匙奶油
- 約57克煙燻鮭魚（不加糖）
- 半杯你自選的布丁
- 3根填塞了茅屋起司的芹菜梗（每根芹菜梗應有約13公分長）
- 1個填塞了烤蔬菜和1茶匙切碎的低脂起司的波特菇
- 8隻小號的蝦和2湯匙雞尾酒醬汁
- 1杯雞湯麵
- 半杯低脂天然香草冰淇淋或雪酪
- 10顆煮熟的貽貝
- 火雞肉融化瑞士起司單片三明治：在半個全麥英式鬆餅上放約21克低鈉熟食火雞肉和1片薄薄的瑞士起司。將起司融化並上桌。
- 4片火雞肉和1顆切成片的中型蘋果
- 1根脫脂莫札瑞拉起司條搭配半顆切成片的中型蘋果
- 2個水煮蛋搭配鹽和胡椒各少許

- 椒鹽蝴蝶餅蘸巧克力：將1湯匙半苦甜巧克力豆用微波爐融化。將3片蜂蜜椒鹽蝴蝶餅浸入融化的巧克力中。將椒鹽蝴蝶餅放入冷凍庫，直到巧克力凝固。
- 約28克切達起司搭配5顆櫻桃蘿蔔
- 黃瓜三明治：半個英式鬆餅，上面放2湯匙茅屋起司和3片黃瓜
- 1個水煮蛋和半杯甜豌豆
- 6根黃瓜、番茄和莫札瑞拉起司球串成的食物串
- 約57克牛肉乾或火雞肉乾
- 4片巧克力脆片餅乾，每片比賭桌籌碼的大小稍大一些
- 火雞肉包酪梨：¼個酪梨切片，包在約85克低鈉熟食火雞肉裡
- 半根黃瓜（去籽），填入1片搭配芥末或脫脂美乃滋的全瘦火雞肉
- 10根迷你胡蘿蔔，搭配與半湯匙義大利青醬混合好的半杯茅屋起司
- 優格蘸草莓：將1杯整顆草莓浸入半杯低脂香草口味希臘優格，放在烤盤上冷凍。
- 1杯2%的超過濾巧克力牛奶
- 花生醬巧克力方塊：將2茶匙絲滑天然花生醬或有機花生醬放在約11克的巧克力方塊上
- 半杯切丁的哈密瓜，淋上半杯低脂茅屋起司
- 約85克水浸鮪魚，瀝乾並依口味調味
- 4個肉餡底的鍋貼，蘸2茶匙薄鹽醬油
- 約57克全瘦烤牛肉
- 8盎司盒裝希臘優格
- 半杯茅屋起司和杏仁醬
- 1個水煮蛋，搭配 everything bagel seasoning 萬用調味料
- 1顆小的梨切片，並在上面塗抹1湯匙的杏仁醬
- ¼杯剁碎的雞胸肉搭配2湯匙切碎的低脂起司和莎莎醬，放在5片全麥餅乾上
- 1個全穀類比利時鬆餅，淋上2湯匙低脂或脫脂原味優格和半杯莓果
- 1顆小的蘋果，切片並浸入半杯低脂茅屋起司中，灑上肉桂
- 約113克用生菜包裹的雞胸肉，淋上蒔蘿芥末醬
- 7顆用1湯匙藍紋起司填塞的橄欖
- 1罐水浸鮪魚，瀝乾並依口味調味
- 6顆牡蠣
- 1個小的巧克力布丁
- 蜂蜜 - 瑞可達起司米蛋糕：將3湯匙瑞可達起司塗抹在1個糙米蛋糕上，然後淋上2茶匙蜂蜜。

- 巧克力全麥餅乾：用2茶匙巧克力榛果抹醬塗抹在2片方形全麥餅乾上做成三明治。
- 一顆甜味蘋果，例如金冠或富士，搭配減脂切達起司條或約21克的起司片
- 1杯清蒸蔬菜，搭配約28克融化的減脂起司
- 1個切碎的水煮蛋，與2茶匙低熱量美乃滋混合，放在黃瓜片和5片全麥餅乾上上桌
- 雞蛋辣醬三明治：將半杯煮熟的蛋白放在1個全穀類英式鬆餅上並淋上辣醬
- 2片100%全穀類或100%全麥吐司，搭配2湯匙杏仁醬
- 半杯低脂或脫脂原味希臘優格，搭配少許肉桂和1茶匙蜂蜜
- 6顆大號蛤蜊
- 火雞肉捲：將4片煙燻火雞肉捲起，用2茶匙蜂蜜芥末醬當作沾醬

索引

28 天吃素潮計畫

享瘦健康！4 週彈性素食新手提案　用哈佛健康餐盤改善免疫系統，打造抗病逆齡好體質

Plant Power：Flip Your Plate, Change Your Weight

作　　者／伊恩・K・史密斯（Ian K. Smith）
譯　　者／華子恩
責任編輯／王瀅晴
食譜攝影／張宗淳
食譜示範／林志恆
封面設計／李岱玲
內頁排版／李岱玲

發 行 人／許彩雪
總 編 輯／林志恆
行銷企畫／林威志
出 版 者／常常生活文創股份有限公司
地　　址／106 台北市大安區信義路二段 130 號

讀者服務專線／(02) 2325-2332
讀者服務傳真／(02) 2325-2252
讀者服務信箱／goodfood@taster.com.tw

法律顧問／浩宇法律事務所
總 經 銷／大和圖書有限公司
電　　話／(02) 8990-2588（代表號）
傳　　真／(02) 2290-1628

製版印刷／龍岡數位文化股份有限公司
初版一刷／2023 年 2 月
定　　價／新台幣 460 元
I S B N／978-626-7286-03-6

FB｜常常好食網站｜食醫行市集

國家圖書館出版品預行編目 (CIP) 資料

28 天吃素潮計畫：享瘦健康！4 週彈性素食新手提案用哈佛健康餐盤改善免疫系統，打造抗病逆齡好體質 / 伊恩・K・史密斯 (Ian K. Smith) 作；華子恩譯．-- 初版．-- 臺北市：常常生活文創股份有限公司，2023.02
面；　公分
譯自：Plant power : flip your plate, change your weight.
ISBN 978-626-7286-03-6(平裝)

1.CST: 素食 2.CST: 健康飲食 3.CST: 素食食譜
427.31　　112000913

FB｜常常好食

網站｜食醫行市集

填回函　贈好禮